BEITRÄGE ZUR RÜBENFORSCHUNG

Nr. 6

WISSENSCHAFTLICHE ABHANDLUNGEN

Nr. 54

Sektion Pflanzenbau, Pflanzenzüchtung und Pflanzenschutz

BEITRÄGE ZUR RÜBENFORSCHUNG

Nr. 6

Mit 9 Abbildungen und 6 Tabellen

SCHRIFTLEITUNG:
PROF. DR. DR. O. HEINISCH

DEUTSCHE AKADEMIE
DER LANDWIRTSCHAFTSWISSENSCHAFTEN ZU BERLIN

AKADEMIE-VERLAG · BERLIN
1961

Anschriften der Verfasser:

Dr. G. SENFF, Dr. P. CURTH
Institut für Pflanzenzüchtung Kleinwanzleben
der Deutschen Akademie der Landwirtschaftswissenschaften zu Berlin

1961
Herausgegeben von der Deutschen Akademie der Landwirtschaftswissenschaften zu Berlin
Die „Beiträge zur Rübenforschung" erscheinen zweimal jährlich
Erschienen im Akademie-Verlag GmbH, Berlin W 8, Leipziger Straße 3-4

Lizenznummer: 202 • 100/442/61
Kartengenehmigung: MdI der DDR Nr. 6531
Gesamtherstellung: VEB Druckerei „Thomas Müntzer" Bad Langensalza
Bestellnummer: 2068/54 · ES 22 D · Preis: DM 17,—
Printed in Germany

INHALTSVERZEICHNIS

Aus dem Institut für Pflanzenzüchtung Kleinwanzleben
der Deutschen Akademie der Landwirtschaftswissenschaften zu Berlin

G. SENFF

Über einige Probleme und Ziele der Futterrübenzüchtung[1])

Die Futterrübe oder Runkelrübe (*Beta vulgaris* provar. *crassa*) ist als Kulturpflanze noch nicht sehr alt. Sie verbreitete sich in Deutschland unter dem Einfluß des Beginns intensiver Stallviehhaltung und durch den Übergang von der Dreifelder- zur Fruchtwechselwirtschaft. Im Zusammenhang mit dem allgemeinen Aufstieg der Landwirtschaft war es nicht mehr tragbar, ein Drittel der Anbaufläche zu brachen, da von den Haustieren ohne ausreichende Winterfütterung keine höheren Leistungen erwartet werden können. Die bis ins 18. Jahrhundert meist nur als Blattgemüse genutze *Beta*-Rübe (LIPPMANN 1925) eignete sich besonders gut, als Hauptfrucht der bebauten Brache die Futtergrundlage zu verbessern: Sie lieferte Herbst- und Winterfutter. Heute nutzen wir sowohl Blatt als auch Rüben fast ausschließlich als Winterfutter, wobei die Futterrübe in einem großen Teil landwirtschaftlicher Betriebe die Grundlage der gesamten Winterfütterung im Rinderstall darstellt.

Gegenüber den großen und raschen Fortschritten in der Zuckerrübenzüchtung, vor allem im Verlauf des vorigen Jahrhunderts, blieb die Futterrübe in dieser Beziehung weit zurück. Zwar wurde bereits 1825 in Leutewitz (BECKER-DILLINGEN 1928) und besonders ab 1849 von W. v. BORRIES in Eckendorf Futterrübenzüchtung betrieben (HILLMANN 1910). Ihre Zuchtziele bestanden aber anfangs lediglich in der Auswahl von Rüben mit bestimmten Formen und Farben. Eine systematische Leistungssteigerung wurde erst ab 1888, in Eckendorf ab 1893 (HILLMANN 1910) mit Beginn der Ermittlung des Trockensubstanzgehaltes aufgenommen. In kurzer Zeit gelang es, aus den bisher ausschließlich auf Massenertrag gezüchteten Sorten zahlreiche neue Sorten mit verschiedenen Leistungseigenschaften zu entwickeln, die sich in die folgenden drei großen Gruppen einordnen lassen: Zwischen Massenrüben mit hohem Massenertrag bei niedrigem Trockensubstanzgehalt und Gehaltsrüben mit niedrigem Massenertrag bei hohem Trockensubstanzgehalt nehmen die Kompromißrüben mit mittlerem Massenertrag und Trockensubstanzghalt eine Mittelstellung ein. Massen- und Kompromißrüben eignen sich besonders zur Verwendung im Rinderstall; Gehaltsrüben dagegen finden immer mehr Verwendung in der Schweinefütterung.

---

[1] Ergänzter Vortrag, gehalten am 1. 12. 1959 vor den Rübenzüchtern der Deutschen Demokratischen Republik in Kleinwanzleben

Die Futterrübe wird in ihrer Ertragsleistung (dt Stärkewert je ha) auf rübenfähigen Böden meist von keiner anderen Futterpflanze erreicht (Tab. 1).

TABELLE 1

Nährstofferträge verschiedener Futterpflanzen (nach ROSENKRANZ 1954)

	Ertrag dt/ha	Roheiweiß dt/ha	Stärkewert dt/gha
Klee, Beginn der Blüte	300	6,3	30,9
Luzerne, vor der Blüte	360	11.9	35,6
Futterroggen, im Schossen	200	3,8	23,4
Mais, milchreif	400	4,0	38,0
Futterrüben einschließlich Blatt	650	4,8	49,0
Landsberger Gemenge	180	3,6	15,1
Roggen und Zottelwicke	240	5,3	21,8

Nach dieser Zusammenstellung bringt keine andere Futterpflanzenart von der Flächeneinheit in einer Vegetationsperiode so große Mengen leicht verdaulichen, gehaltvollen Futters wie die Futterrübe. Diese kann an Jung- wie Alttiere bis zur Sättigung verabreicht werden, wird dabei während der gesamten Winterfutterperiode gleichmäßig gern angenommen, sorgt für das Wohlbefinden der Tiere und übt keinen nachteiligen Einfluß auf die Qualität der tierischen Erzeugnisse aus. Trotz dieser Eigenschaften und der hohen Nährstofferträge, die Futterrüben von der Flächeneinheit liefern, wird zum Teil heute der Futterrübe für die Zukunft keine oder nur noch eine beschränkte Anbauberechtigung gegeben. Als Gründe dafür werden u. a. angeführt, daß sich Futterrüben

a) durch die leistungsfähigeren Zuckerrüben und
b) durch silierfähige Pflanzen ersetzen ließen, deren Anbau im wesentlichen mechanisiert durchgeführt werden kann.

Die bisweilen zum Vergleich der Leistung von Futter- und Zuckerrüben angegebenen Gesamtstärkeerträge von 36,27 dt/ha für Futterrüben bzw. 66,61 dt/ha für Zuckerrüben (zit. bei ROEMER 1949) oder Massenerträge von 318 dt/ha bei Zuckerrüben und 434 dt/ha bei Futterrüben (WECK 1950) scheinen in ihrem Grundlagen stark anfechtbar zu sein, worauf WECK hinweist. Bei derartigen Zahlen handelt es sich um statistisch ermittelte Durchschnittszahlen eines ganzen Landes, die unberücksichtigt lassen, daß Zuckerrübenanbau nur in günstigen Lagen und auf guten Böden erfolgt, die Futterrübe hingegen vorwiegend auf armen Boden und in hohen Lagen, wo Zuckerrüben nicht gedeihen, angebaut werden. Nach mehrjährigen Versuchen von KÖNEKAMP und GUTMANN (1951) sind die tatsächlichen Leistungsunterschiede zwischen Massen-, Gehalts- und Zuckerrüben gering, so daß meist nach wirtschaftlichen Gesichtspunkten entschieden werden kann, welche Form der *Beta*-Rübe jeweils am zweckmäßigsten angebaut wird. Für ausgesprochene Zuckerrübenanbaugebiete kann die von ROEMER (1949) aufgestellte Forderung, die Futterrüben zu einem beträchtlichen Teil durch Zuckerrüben zu ersetzen, unterstützt werden.

Demgegenüber sind die gegen das Fortbestehen des Futterrübenanbaues sprechenden betriebs- bzw. arbeitswirtschaftlichen Gründe wesentlich schwerwiegender. ROSENKRANZ (1954) vergleicht in Anbetracht der hohen Leistung der Futterrübe den Handarbeitsaufwand im Futterrübenbau mit demjenigen beim Anbau von Winterzwischenfrüchten einschließlich des als Zweitfrucht angebauten Silomaises und kommt zu folgendem Ergebnis:

	Handarbeitsaufwand
Futterrüben	552,0 Std./ha
Winterzwischenfrucht und Silomais	360,6 Std./ha

Aus diesen Zahlen ist ersichtlich, daß der Futterrübenbau nach den z. Z. gebräuchlichen Anbaumethoden so arbeitsaufwendig ist, daß für ihn die Gefahr besteht, allmählich an Bedeutung zu verlieren. Im landwirtschaftlichen Großbetrieb wird er um so mehr als Arbeitsspitze im Frühjahr und Herbst erscheinen, je vollkommener der Anbau aller anderen Feldfrüchte mechanisiert wird. Meist bereitet heute in der Feldwirtschaft vornehmlich die Bewältigung der mit dem Anbau von Zucker- und Futterrüben verbundenen Arbeiten den einzelnen Betrieben größere Sorgen.

Trotzdem wird besonders in den niederschlagreichen Gebieten Norddeutschlands und in den Mittelgebirgslagen die Futterrübe nie voll ersetzt werden können (BÜNGER 1930, ROSENKRANZ 1954, TIEMANN 1953). In anderen Gebieten wird es von Fall zu Fall entschieden werden müssen, ob es zweckmäßiger ist, unter den gegebenen Klima- und Bodenverhältnissen die Futterrübe teilweise z. B. durch Silomais zu ersetzen (ROEMER 1928, LÜDDECKE 1957).

Im Rahmen der gesamten deutschen Landwirtschaft wird die Futterrübenanbaufläche nur dann ihren Umfang behalten können, wenn im Anbau neue Wege beschritten und von den Züchtern Sorten entwickelt werden, die neben hoher Leistungsfähigkeit auch einige andere erwünschte Eigenschaften aufweisen. Die Züchtung vermag auf diesem Wege einen wesentlichen Beitrag zu leisten, um die Futterrübe dem modernen Großbetrieb zu erhalten.

I. FRAGEN DER ZÜCHTUNGSMETHODIK

In der Futterrübenzüchtung bedient man sich meist einfacherer Methoden als bei der züchterischen Bearbeitung von Zuckerrüben. Die wesentlichsten Gründe dafür dürften sein:

a) Eine Qualitätskontrolle, wie sie bei Zuckerrüben alljährlich durch die Zuckerfabriken ausgeübt wird, fehlt bei Futterrüben.
b) Der Landwirt beachtet bei der Sortenwahl nicht ausschließlich die Leistungsmerkmale einer Sorte, sondern auch zahlreiche andere Gesichtspunkte, z. B. Verwendungszweck, Rodbarkeit und Farbe der Rüben.

Aus den genannten Gründen wurden in der Vergangenheit nur selten Zuchtziele berücksichtigt, die über die Merkmale Form und Farbe des Rübenkörpers sowie Ertrag und Trockensubstanzgehalt hinausgingen. Erst seit etwa 10 Jahren hat die Futterrübenzüchtung begonnen in der Zielsetzung und in methodischer Hinsicht neue Wege zu beschreiten.

Futter- und Zuckerrüben-Erhaltungszucht ist in jedem Fall Qualitäts- und Leistungszüchtung gleichzeitig. Mit Hilfe von sorgfältig angewendeten Prüfungs- und Untersuchungsmethoden muß jede Sorte in den ihrem Sortentyp entsprechenden Leistungsrelationen von Ertrag und Trockensubstanzgehalt erhalten werden. Durch einseitige Auslese kann eine Sorte schon nach wenigen Generationen einen völlig anderen Charakter annehmen. Geeignete Zuchtmethoden sollen darüber hinaus dazu dienen, die Leistung allmählich zu verbessern.

Massenauslese von Eliterüben (Mutterrüben) auf Grund der Untersuchung von Einzelpflanzen war früher allgemein verbreitet; nach FRUWIRTH (1922) wurde sie aber bereits nach dem 1. Weltkrieg nur noch vereinzelt angewandt. Auch der Übergang von dem ursprünglichen gemeinsamen Nachbau zur Gruppenbildung bedeutete keinen wesentlichen Fortschritt. Wenn auch die Ausgeglichenheit in den Nachkommenschaften dieser Gruppen durch das vorangegangene gemeinsame Abblühen von Pflanzen, die sich morphologisch sehr ähnlich waren, verbessert werden konnte, so gelang es nicht, die Leistung einer Zucht auf diesem Wege wirkungsvoll zu heben. Müssen, wie in jeder Erhaltungszucht, mehrere Eigenschaften berücksichtigt werden, so erwies sich die Massenauslese als weitgehend unwirksam (SCHNEIDER 1944).

1886 hatte VILMORIN (zit. bei FRANDSEN 1958) mit der Auslese von Zuckerrüben auf der Grundlage der Prüfung von Nachkommenschaften begonnen. Dieses Prinzip wandte HELWEG (1905) zuerst in Dänemark auch in der Futterrübenzüchtung an. Das wesentlichste an dem daraus entwickelten Verfahren der Familienzucht, das PANSCHIN (1937) als Matriarchal-Polyandrie-Methode bezeichnet, besteht darin, daß durch fortgesetzte Auslese aus Familien mit überdurchschnittlicher Leistung allmählich nur noch beste Mutterrüben zur gegenseitigen Befruchtung kommen und somit die Leistung der gesamten Zucht steigt.

In der Futterrübenerhaltungszucht hat sich bis in die jüngste Zeit das deutsche Ausleseverfahren (SCHNEIDER 1944, KUCKUCK-MUDRA 1950), in dem Familienzüchtung und Massenauslese kombiniert sind, erhalten: Verklonte Mutterrüben, die gemeinsam abblühten, werden im folgenden Jahr einzeln auf Leistung geprüft. Aus den besten Nachkommenschaften werden neue Mutterrüben ausgelesen und der Züchtungszyklus beginnt von vorn. Die zweitbesten Pflanzen dieser Nachkommenschaften blühen gemeinsam ab; im feldmäßigen Nachbau wird eine umfangreiche Massenauslese nach Form, Farbe und Individualleistung vorgenommen. Die so selektierten Rüben — in einzelnen Zuchtstationen wurden auch Stecklinge untersucht — liefern im 5. Jahr das Elitesaatgut.

Mit Hilfe des deutschen Ausleseverfahrens gelang es zwar, Futterrübensorten von guter Ausgeglichenheit in Form und Farbe zu erhalten. Einen rascheren Fortschritt verspricht jedoch nach SCHNEIDER (1944) fortgesetzte Familienzucht, da bei der Massenauslese nach dem Phänotyp einer so stark modifikativen Einflüssen unterworfenen Pflanzenart wie der Rübe nicht auf die genetische Veranlagung geschlossen werden kann. Von verschiedenen Autoren (RASMUSSON 1928, 1936, STEWARD, LAVIS und COONS 1940, zit. bei FRANDSEN 1958) wird aber nachgewiesen, daß es bei ihrem Material durch fortgesetzte Familienzucht lediglich möglich war, die Leistung auf einem bestimmten Niveau zu halten. Demgegenüber sieht FRANDSEN (1958) den Wert der Familienzucht damit bewiesen, daß eine Reihe dänischer Futterrübensorten bei Anwendung dieser Methode in ihrer Leistungsfähigkeit anstiegen. ROEMER-RUDORF (1958) vermuten, daß bei den Versuchen von RASMUSSON (1936) die Auslese den vorhandenen Genvorrat erschöpft hatte, da auch andere Zuchtverfahren keinen Leistungsanstieg bewirkten. Wenn dies auch bei Fremdbefruchtern nur selten der Fall sein wird, so weist SCHNEIDER (1944) für deutsche Züchtung darauf hin, daß in den Jahren nach Einführung der Familienzucht größere Fortschritte erzielt worden sind als in späteren Jahren. Aus der Tatsache, daß mittlerweile, ähnlich wie bei RASMUSSON (1936), ein Stillstand eingetreten ist, leitet SCHNEIDER (1944) die Notwendigkeit des Überganges zu neuen Methoden ab.

Werden bei fortgesetzter Familienzucht die einzelnen Familien räumlich voneinander getrennt vermehrt, so tritt leichte Inzucht ein, die bei anschließender Kombination geeigneter Familien zu einem Heterosiseffekt führen kann. Ein einfaches Verfahren dazu beschreibt BECKER-Dillingen (1928), in dem getrennt geführte Stämme zur Erzeugung von Hochzuchtsaatgut zusammengeführt werden. Nach GERDES (1957) beabsichtigen aber zahlreiche Züchter mit der Mischung verschiedener Stämme oder Familien nur eine möglichst große ökologische Streubreite zu erzielen. Planmäßige Heterosiszüchtung erfordert systematische Auslese auf Kombinationseignung zwischen den Familien. LUND und SCHNEIDER arbeiteten nach SCHLÖSSER (1955) und KNAPP (1958) als erste in der Zuckerrübenzüchtung planmäßig und erfolgreich nach dem Heterosisprinzip. Heute wird von zahlreichen Zuckerrübenzüchtern in Schweden, Dänemark, Deutschland, Holland und Ungarn (SEDLMAYR 1956, FRANDSEN 1958) ein solches Verfahren angewandt. Das von KUCKUCK-MUDRA (1950) und — mit kleinen Abänderungen — von KNAPP (1958) beschriebene Schema der Kleinwanzlebener Heterosiszüchtung wird neuerdings, besonders in dem angewandten Verfahren zur Prüfung auf Kombinationseignung, noch verbessert (KNAPP 1958, FRANDSEN 1958). Trotz großer Erfahrungen hat die Zuckerrübenzüchtung die Futterrübenzüchtung in methodischer Hinsicht nur wenig beeinflußt. Nach FRANDSEN (1958) wird ein Zuchtverfahren, das auf planmäßiger Kreuzung von Familien aufbaut, in der Erhaltungszucht von Futterrüben bis heute noch wenig angewandt. Außer ihm berichtet nur WICHMANN (1957) über entsprechende Arbeiten in Eckendorf. Seit mehreren Jahren werden auch einige der in der DDR zum Handel zugelassenen Sorten nach dem Heterosisprinzip bearbeitet. Wird die Erhaltungszucht nach diesem Prinzip durchgeführt, so sind bei Futterrüben gegenüber Zuckerrüben folgende Unterschiede bzw. Änderungen zu berücksichtigen:

1. Zur Erzielung möglichst hoher Saatguterträge müssen Mutterrüben ebenfalls verklont werden. Eine gut entwickelte Futterrübe läßt sich aber mit Erfolg lediglich in vier Klonschnitte teilen. Für die Prüfung und Weitervermehrung stehen dem Futterrübenzüchter dabei nur 200 bis 400 g Saatgut je Mutterrübe, dem Zuckerrübenzüchter dagegen bei sachgemäßer Klonung die doppelte bis dreifache Menge oder noch mehr zur Verfügung. Aus diesem Grunde müssen alle Maßnahmen der Versuchsfeldtechnik, die auf eine Saatgutersparnis abzielen bei Futterrüben unbedingt und mit größter Sorgfalt angewandt werden.
2. Die geringen Saatguterträge von einer Mutterrübe gestatten es nicht immer, diese in zwei aufeinander folgenden Jahren auf ihre Leistung zu prüfen. Ihrer Beurteilung liegt oft nur ein einjähriger Versuch zu Grunde.
3. In den Vermehrungsgang muß bei Futterrüben in jedem Fall eine Zwischenvermehrung der Familien (Kleinvermehrung) eingeschaltet werden. Auf überlagerte Saatgutreste der Mutterrüben kann kaum zurückgegriffen werden. Das Zuchtschema ist entsprechend aufzubauen.
4. Da in der Futterrübenerhaltungszucht Form und Farbe des Wurzelkörpers stärker beachtet werden müssen als bei Zuckerrüben, ließe sich die erste Prüfung (Vorprüfung) durch eine einfache Versuchsparzelle ohne Wiederholung ersetzen. FRUERGAARD (1923) hat zur Vereinfachung des Züchtungsganges ebenfalls ein solches Vorgehen empfohlen. Die verbleibenden Familien werden im folgenden Jahr einer exakten Prüfung unterzogen.
5. Aus dem unter 4. genannten Grund erscheint es ratsam, zur Anzucht der Zwischenvermehrung [Probevermehrung (KNAPP 1958) oder Kleinvermehrung] bei Futterrüben keine Stecklinge, sondern nach Form und Farbe auszulesene Vollrüben der entsprechenden Familie zu verwenden. KNAPP (1958) zieht dies auch für Zuckerrüben in Erwägung. Auf diese Weise erfolgt im gesamten Züchtungsgang zweimalige Einzelauslese nach Form und Farbe wie beim deutschen Ausleseverfahren.

WICHMANN (1957) erreichte bei „Eckendorfer gelb“ im Durchschnitt von acht Inzuchtlinien einen Leistungsanstieg von 9% gegenüber Hochzucht, wenn er diese im Polycrossverband abblühen ließ. Bei Zuckerrüben beobachtete KUCKUCK (1951) einen Heterosiseffekt in Höhe von 5 bis 7%, GERDES (1957) einen solchen von 5,1% (Zuchtrichtung E) bzw. 6,9% (Zuchtrichtung N). Da bei allen Futterrübensorten ähnliche Leistungszunahmen wie die von WICHMANN (1957) angeführten erwartet werden können, sollte in die Erhaltungszucht von Futterrüben allgemein das Inzucht-Heterosis-Prinzip eingeführt werden.

Da nach SCHNEIDER (1944) die Variabilität der Individuen innerhalb einer Nachkommenschaft von Futterrüben im Trockensubstanzgehalt etwa dreimal so groß ist wie bei Zuckerrüben, sollte zur Bestimmung des Trockensubstanzgehaltes bei Familien-, Stamm- und Sortenprüfungen von jeder Prüfnummer eine möglichst große Zahl von Rüben (mindestens 100 Stück) herangezogen werden.

Zur Auswertung der in ausgedehntem Maße notwendigen Leistungsprüfungen sind entsprechende Untersuchungseinrichtungen notwendig. Zum Gewinnen von Rübenbrei sollte eine Breisäge verwendet werden.

Neben den zuchtmethodischen Maßnahmen der Erhaltungszucht verdient die Polyploidiezüchtung als Möglichkeit zur Vergrößerung der Variationsbreite auch bei Futterrüben besondere Beachtung. Unter der Voraussetzung, daß eine der häufigsten Folgen der Polyploidisierung die Vergrößerung bestimmter Organe bei verminderter Zellsaftkonzentration darstellt, liegt die Zweckmäßigkeit der Polyploidiezüchtung gerade bei Futterrüben auf der Hand (SCHNEIDER 1944). In ihr ruhen nach WICHMANN (1957) noch ungenutzte Reserven für einen weiteren Leistungsanstieg. Als einer der ersten berichtete der Futterrübenzüchter FRANDSEN (1939) nach Bekanntwerden der Wirkung des Colchicins auf den pflanzlichen Organismus über dessen erfolgreiche Verwendung bei *Beta*-Rüben. Inzwischen sind mehrere polyploide Zuckerrübensorten im Handel, mit denen zum Teil bereits beachtliche Erfolge erzielt wurden (SCHLÖSSER 1955, SEDLMAYER 1955, FÜRSTE 1957). Daß 4×Pflanzen die Leistungsfähigkeit von 2×-Pflanzen normalerweise nicht erreichen, stellten FRANDSEN (1947) bei Futterrüben, SEDLMAYER (1956) sowie KNAPP und WIEBALK (1957) bei Zuckerrüben fest. Bei bestimmten Ausgangsmaterial scheint es jedoch Abweichungen von dieser Regel zu geben (KNAPP 1958). So beurteilten KLOEN und SPECKMANN (1956) die 4×-Familien der Zuckerrübensorte „Kuhn P“ schlechter in der Leistung als 4×-Familien einer Kleinwanzlebender Sorte.

Eine der wesentlichsten Voraussetzungen für den Erfolg der Polyploidiezüchtung besteht in einer nicht zu schmalen Ausgangsbasis. Nach KLOEN und SPECKMANN (1956) sollen wenigstens 50 bis 100 Familien für die Auslese zur Verfügung stehen.

Nach FRANDSEN (1958) werden auch bei Futterrüben nur triploide Formen in der Praxis Anwendung finden, wie es bei Zuckerrüben bisher die Regel ist (KNAPP 1958), KLOEN und SPECKMANN (1956) berichteten bereits über höhere Leistung polyploider Futterrüben gegenüber diploiden.

Der Anteil triploider Pflanzen bei der Kreuzung von 2×- und 4×-Pflanzen kann durch verschiedene Maßnahmen vergrößert werden (FÜRSTE 1958). Verwendet man einen pollensterilen Kreuzungspartner und erntet nur diesen, so lassen sich 100%ig Triploide erzielen. Auf diese Möglichkeit haben nach grundlegenden Arbeiten von OWEN (1945) u. a. BANDLOW (1957, 1958) und KNAPP (1958) für Zuckerrüben sowie FRANDSEN (1958) für Futterrüben hingewiesen.

II. ÜBER EINIGE VORDRINGLICHE ZUCHTZIELE

a) Zuchtziele in Verbindung mit Problemen der Aussaat und Pflege

Vor etwa 30 Jahren empfahl ROEMER (1927), Zuckerrüben möglichst früh auszudrillen, wodurch die Wachstumszeit in das Frühjahr hinein verlängert wird und höhere Erträge erzielt werden. ROEMERS Vorschläge setzten sich bald in der Praxis durch, zumal einige Züchter auf seine Anregung hin in wenigen Generationen die Schoßresistenz ihrer Sorten erheblich verbesserten (ROEMER 1931, 1937). Wenn auch einige Futterrübenzüchtungen früher als alle Zuckerrüben über geringe

Schoßneigung verfügten (ROEMER 1931, 1937), so sind noch heute Futterrübensorten im Handel, die in dieser Beziehung allen Zuckerrübensorten nachstehen. Sind die ackerbaulichen Voraussetzungen gegeben, so sollten trotzdem auch Futterrüben noch in der ersten Hälfte des Monats April zur Aussaat gelangen. Nach LÜDDECKE (1955) ist der Trockensubstanzertrag bei frühen Aussaaten immer am höchsten. Die Gefahr, daß bei früher Aussaat die Jungpflanzen durch Fröste geschädigt werden, ist nicht größer als bei Zuckerrüben, denn junge Futterrübenpflanzen verfügen über die gleiche Kälteresistenz wie Zuckerrüben. Erst in späteren Wachstumsabschnitten bilden sich — besonders auf Grund des verschiedenen oberirdischen Anteils der Rübenkörper — Unterschiede in der Kälteresistenz der beiden *Beta*-Rübenformen heraus.

Für die Zuckerrübenzüchtung erwächst aus dem Vorschlag zur früheren Aussaat die Aufgabe, neben der Selektion auf Schoßresistenz durch Auslese solcher Typen, die bei niedrigen Temperaturen (+2 bis +3 °C) keimen, die Vorteile der Frühsaat auch in kühlen Jahren voll zur Wirkung kommen zu lassen (HEINISCH 1956). Bereits ROEMER (1937b) regte dies als notwendige Folge der Schoßresistenzzüchtung an und stellte als kurzfristiges Ziel, Zuckerrüben mit +5° bis + 6 °C Keimtemperaturminimum zu züchten. Über Erfolge wurde bisher nur von Zuckerrübenzüchtern berichtet (SMITH 1952, WOOD 1952, HEINISCH 1959). Diese Arbeiten sollten auch bei Futterrüben aufgenommen werden.

Nach unseren Erfahrungen können dabei schon in wenigen Generationen Fortschritte erzielt werden, wenn geeignete technische Einrichtungen vorhanden sind. Zwischen verschiedenem Ausgangsmaterial und dem Saatgut verschiedener Erntejahre konnten Unterschiede festgestellt werden (Tab. 2).

TABELLE 2

Selektion von Futterrüben auf Keimung bei +2 °C (verlängerte Keimdauer)

Saaterntejahr und Generation		Sorte A		Sorte B	
		Anzahl der geprüften Familien	gekeimte Knäuel in %	Anzahl der geprüften Familien	gekeimte Knäuel in %
1957	P	50	0,99 ± 0,10	45	0,83 ± 0,10
1958	P	30	8,38 ± 1,64	38	2,30 ± 0,44
1959	F_1	10	19,20 ± 6,25	31	13,20 ± 2,13

Da sich schwere Böden in Höhenlagen oder auf Nordhängen normalerweise im Frühjahr so langsam erwärmen, daß der Aufgang von Futterrüben meist sehr spät erfolgt, ließen sich in diesen Lagen mit entsprechenden Typen, die bei niedrigen Bodentemperaturen keimen und wachsen, höhere Erträge erzielen. —

Seit mehreren Jahrzehnten sind Bestrebungen im Gange, das Zuckerrübensaatgut so zu formen und auszudrillen, daß der Handarbeitsaufwand für das Vereinzeln der Pflanzen wesentlich herabgesetzt wird. Dieses Problem ist aus dem Grund schwer zu lösen, weil sich bei *Beta*-Rüben im Vergleich zu anderen Kulturpflanzen auf der Flächeneinheit nur eine relativ geringe Anzahl von Pflanzen (8 bis 10 je m²) auf einem genau zugemessenen Standraum entwickeln kann, andererseits aber die Aussaatmenge bei Drillsaat relativ hoch gehalten werden muß, um mit Sicherheit fehlstellenfreie Bestände zu erhalten. Die zu viel aufgelaufenen Pflanzen müssen während der Pflegearbeiten entfernt werden.

Fast alle vom Zuckerrübenanbau her bekannten Verfahren, dieses Problem zu lösen, lassen sich zwar sinngemäß auch auf den Futterrübenbau übertragen; im Vergleich zur Zuckerrübe bestehen aber z. Z. noch folgende Unterschiede:

1. Futterrüben werden zum Teil auf Böden gebaut, die für den Zuckerrübenbau wegen der stark erschwerten Ernte zu bindig sind. Auf diesen Böden wird nur unter besonders günstigen Voraussetzungen segmentiertes Saatgut (Monogermsaatgut) erfolgreich angewendet werden können.
2. Bisher wurde der Züchtung auf Monokarpie bei Futterrüben kaum Beachtung geschenkt. Sie dürfte durch Auslese natürlich monokarper Typen leichter zu erreichen sein als auf dem Weg der Einkreuzung von Wildrüben (*Beta lomatogona* L.), denn alle Wildrüben ähneln mehr einer Zucker- als einer Futterrübe. Die Einkreuzung monokarper Kulturzuckerrüben dagegen dürfte in kurzer Zeit zu monokarpen Futterzuckerrüben führen.
3. Die zu einem großen Teil oberirdisch wachsenden Futterrüben sind gut pflanzbar. In Kleinstbetrieben werden in bestimmten Gebieten sämtliche Futterrüben gepflanzt und damit — neben anderen Vorteilen — sämtliche Probleme der Aussaat und Pflege gelöst. Zuckerrüben und tief wurzelnde Gehaltsrüben lassen sich nicht ohne Wuchsdeformationen verpflanzen.

Aus den geschilderten Gründen wird in Zukunft der Züchtung auf Monokarpie bei Futterrüben größte Beachtung geschenkt werden müssen. Monokarpe Zuckerrüben sind in der Sowjetunion (ORLOWSKIJ 1957) und den USA (SAVITZKY 1950, 1958) bereits im Handel. Monokarpes Saatgut bietet alle Vorteile des segmentierten, schließt aber die Gefahr der Keimschädigung während des Segmentierens, auf die HEINISCH (1950, 1952) hinweist, aus und verfügt über höhere Triebkraft als segmentiertes Saatgut. Derartiges Saatgut ließe sich erfolgreich auf allen für den Futterrübenbau geeigneten Böden verwenden. Seine Vorteile wären besonders groß, wenn die Früchte gleichmäßig verteilt im Boden abgelegt werden.

Die Landmaschinenindustrie hat in verschiedenen Ländern Zellenräder zur Einzelkornablage kalibrierten polykarpen Rübensaatgutes entwickelt (BRINKMANN 1956, HELLER 1957). Nach FISCHNICH und THIELEBEIN (1958) läßt sich ein aufgelockerter Pflanzenbestand sicherer mit umhülltem (pilliertem) Saatgut, das sich gut kalibrieren läßt, erreichen. Da hierzu aber nur hochkeimfähiges, einheitliches Saatgut verwendet werden kann, wird die Notwendigkeit der Züchtung auf Monokarpie auch durch diesen Lösungsweg noch unterstrichen.

Da sich Futterrüben bestimmter Sorten leicht und erfolgreich pflanzen lassen, verdienen halbautomatische Pflanzmaschinen, die im Gemüse- und Rübensaatgutbau immer häufiger Verwendung finden, auch im Futterrübenbau Beachtung (KILIAN 1957). Die Züchter sollten deshalb dem Merkmal Pflanzfähigkeit in Zukunft wieder stärkere Beachtung schenken.

b) Zuchtziele in Verbindung mit Problemen der Ernte und Einlagerung

Vergleicht man die Ernte von Futterrüben mit der von Zuckerrüben, so verdienen folgende Gesichtspunkte Beachtung:

1. Nur tief und damit fest im Boden sitzende Futterzuckerrüben werden in Zukunft eine mechanisierte Ernte des Rübenblattes gestatten. Die Sortenfrage spielt bei allen Erntearbeiten eine entscheidende Rolle.
2. Je größer der über der Erde wachsende Anteil der Futterrübe ist, desto leichter kann sie gerodet werden. Bei den walzenförmigen Futterrüben ist z. B. eine fast verlustlose und schmutzfreie Ernte möglich. Je tiefer der Rübenkörper im Boden wächst, desto mehr nimmt der Rodeaufwand und die Menge des anhaftenden Schmutzes zu.
3. Zum Abfahren des Blattes muß auf jeden Fall ein Teil der Rübenkörper gerodet sein. Ein Überfahren der geköpften, aber noch nicht gerodeten Rüben mit gummibereiften Wagen, wie es während der Zuckerrübenernte möglich ist, muß bei der Futterrübenernte unterbleiben. Das Pommritzer Rübenernteverfahren ist in der entsprechend abgeänderten Form anwendbar.
4. Während der Futterrübenernte sind in kurzer Zeit große Massen zu transportieren. Davon wir nur ein Teil zum Hof, der weitaus größte Teil aber zur Miete gefahren. Transporte über größere Entfernungen (Bahnhof, Zuckerfabrik) entfallen.
5. Die Futterrüben sind frostempfindlich. Deshalb muß die Ernte zu einem bestimmten Zeitpunkt abgeschlossen sein.

Beim heutigen Stand der Technik wird allgemein beim Vergleich des Handarbeitsaufwandes, der zur Ernte von anderen Futterpflanzen, z. B. Silomais, notwendig ist, mit der Futterrübenernte ein fast völlig mechanisiertes Ernteverfahren, das kaum noch verbessert werden wird, einem solchen, das fast völlig auf Handarbeit beruht, gegenübergestellt. In diesem Vergleich wird die Futterrübenernte so lange unterliegen, wie sich nicht vereinfachte bzw. mechanisierte Ernteverfahren einführen. Daß durchaus heute Möglichkeiten bestehen, die Futterrübenernte teilweise mechanisiert durchzuführen und damit den Handarbeitsaufwand erheblich zu senken, haben KILIAN (1957) sowie WENNER und SCHULZ (1958) nachgewiesen.

Für die Zuckerrübenernte ist es schon vor mehr als 20 Jahren gelungen, bestimmte Arbeitsverfahren und Geräte zu entwickeln, die bei sachgemäßem Einsatz die Erntearbeiten wesentlich erleichtern. Diese haben sich schnell überall durchgesetzt. Seitdem auch mehr oder minder zuverlässig arbeitende Vollerntemaschinen für Zuckerrüben im Einsatz sind, stellt in diesen Betrieben die Ernte der leicht rodbaren Futterrüben oft ein größeres Problem dar als die Zuckerrübenernte. Aus diesem Grunde liegt ebenfalls der Vorschlag nahe, die Futterrüben z. T. durch Zuckerrüben zu ersetzen. Wenn auch diese Vollerntemaschinen mit den für Zuckerrüben üblichen Köpfmechanismen, groben Reinigungselementen und verhältnismäßig kleinen Sammelbunkern zur Ernte von Futterzuckerrüben noch nicht eingesetzt werden können, so wird es sicher in Zukunft möglich sein, diese durch entsprechende Zusatzeinrichtungen für die Ernte von Futterzuckerrüben und andere Typen, die ausreichend fest im Boden sitzen, verwendbar zu machen. In der Neuzucht sollte an diesen Rübenformen bevorzugt gearbeitet werden.

Die Möglichkeit des Anbaues von kegel- bis pfahlförmigen Gehaltsrüben, die den Einsatz der Vollerntemaschine gestatten, hat leider nur begrenzte Bedeutung, denn es ist gerade einer der größten Vorzüge der Futterrübe auf schweren Böden und in feuchten Lagen, daß es Sorten gibt, deren Pflanzen zum größten Teil oberirdisch wachsen und deshalb, ohne den Boden aufreißen zu müssen, sauber geerntet werden können. Außerdem werden Futterrüben auf flachgründigen Gebirgsverwitterungsböden gebaut, wo der Anbau von tief im Boden sitzenden Typen nicht möglich ist. Zur Ernte der mit dem großen Teil ihres Rübenkörpers oberirdisch wachsenden Formen wird sich aber eine Vollerntemaschine üblicher Bauart nicht verwenden lassen.

Alle jene Formen, die mit mehr als 50% des Rübenkörpers über dem Boden wachsen (Walzen, Tonnen, Kugeln), lassen sich dagegen mit einfachen Hilfsmitteln (Schneepflug, Rübenrodeschlitten) roden. Nach KILIAN (1957) können gegenüber einem stark verbreiteten Ernteverfahren (Ziehen von Hand und Ablage auf Bänke, anschließend Köpfen mit Sichel und gleichzeitiges Zusammenwerfen) durch den Einsatz des Rodeschlittens z. B. bei „Altenburger Tonnen" 56,1% der Handarbeitsstunden bei der Ernte eingespart werden.

Beim Köpfen von Hand, das vor dem Roden ausgeführt wird, hat sich noch keinesfalls überall die Doppelsichel oder eine Köpfschippe mit geschwungenem Schneidblatt, wie sie von ROSENKRANZ (1955) sowie WENNER und SCHULZ (1958) empfohlen wird, durchgesetzt. Auch KILIAN (1957) konnte den Handarbeitsbedarf nur dadurch in dem angegebenen Ausmaß herabsetzen, weil er vor dem Rodeschlitten die Köpfschippe verwendete. Die genannte Form der Köpfschippe sollte mehr Verbreitung finden, da große Teile der Futterrübenanbaufläche mit walzen- und tonenförmigen Rüben bebaut werden, die so locker im Boden sitzen, daß jedes mechanische Köpfgerät einen großen Teil von ihnen aus dem Boden reißt, aber nicht köpft. Außerdem stehen die Köpfe ausgewachsener Rüben meist so ungleichmäßig in der Reihe, daß es überhaupt fraglich erscheint, ob ein Köpfgerät konstruiert werden kann, das so empfindliche Tasteinrichtungen hat, wie sie bei diesen Rübentypen nötig wären. Dabei ist nicht nur der schiefe Sitz der Rübenkörper senkrecht zur Drillreihe, sondern auch in Richtung derselben zu bedenken.

ROSENKRANZ (1955) regte deshalb an, eine Futterrübe zu züchten, die einerseits so fest im Boden sitzt, daß sie das Köpfen mit einem besonderen Köpfschlitten gestattet, andererseits aber das Ablösen der Rüben vom Boden nicht erschwert. Dieses Problem wird nur zum Teil von der Züchtung gelöst werden können. Die Landmaschinenindustrie muß an den vorhandenen Hochzuchtsorten die notwendigen Geräte erproben. Die Züchter werden den Wünschen der Industrie so weit nachkommen, wie es in ihren Kräften steht und im Interesse der Landeskultur vertretbar ist.

Ein völlig anderer Weg, die Probleme der Blattgewinnung zu lösen, ist denkbar. Betrachtet man die Krauterträge der in der DDR z. Z. zum Handel zugelassenen Futterrübensorten, so zeigt sich folgendes Bild (Tab. 3).

TABELLE 3

Krauterträge (frisch) von Futterrüben in dt/ha (nach Bericht 1953, MÖBIUS 1958) (Jahresdurchschnittswerte aus Sortenversuchen)

Jahr	Anzahl der Versuche	Waldm. Futterkraft dt/ha	Ideal dt/ha	Teutonia dt/ha	Dickwanst dt/ha	Altb. Tonnen dt/ha	Rote Walze dt/ha	Frankes Rekord dt/ha	Criewener Gelbe dt/ha
1951	18	229	218	212	227	176	188	156	126
1952	12	251	237	246	231	233	224	190	156
1953	12	222	211	223	213	189	187	195	144
1954	8	323	302	287	284	270	269	226	216
1955	9	250	250	223	213	204	195	167	144
1956	11	253	237	223	226	250	204	193	175
∅ 1951—1956		254,7	242,5	235,7	232,3	220,3	211,2	187,8	165,2
rel. %		116,5	110,9	107,8	106,2	100,7	96,6	85,9	75,5

(∅ aller Sorten = 100)

Die Sorte „Criewener Gelbe“ lieferte alljährlich die geringsten Blatterträge. Da es sich bei den angeführten Erträgen um Ergebnisse von Feldversuchen handelt, die meist um 10 bis 20% über den in der Praxis im Durchschnitt erzielten Erträgen liegen, kann angenommen werden, daß von dieser Sorte selten mehr als 150 dt Kraut (Blatt einschließlich kleiner Kopfanteile) je ha geerntet werden. Bedenkt man noch, daß in dem Gewicht ein kleiner Kopfanteil enthalten und ein Teil der Blätter zur Ernte schon abgewelkt und deshalb wenig wertvoll ist, so liegt es nahe, auf die Ernte des Futterrübenblattes überhaupt zu verzichten und die Rübe mit Blatt einzumieten. Ein solches Verfahren wird seit vielen Jahren vereinzelt mit bestem Erfolg praktisch angewendet. KAYSER (1929), WECK (1933), KALLMEYER (1941), NEYE (1948), PRIEBE (1953) sowie WENNER und SCHULZ (1958) weisen auch auf diese Möglichkeit hin. Nach eigenen Erfahrungen verrottet selbst das Blatt von Gehaltsrüben bis zum Frühjahr vollständig. Die Rübenkörper erhielten sich dabei bemerkenswert frisch. Kurz nach dem Einmieten ist das Blatt in einem Zustand, in dem es leicht vom Vieh abgelehnt wird. Deshalb werden vermutlich nur jene Futterrüben mit Blatt eingemietet werden dürfen, die in der zweiten Winterhälfte Verwendung finden. Im Hinblick auf eine vollmechanisierte Futterrübenernte sollte dieses Problem in exakten Versuchen geprüft werden.

Für den Züchter ergibt sich daraus die Forderung, innerhalb des Zuchtmaterials jener Futterrübentypen, die sich infolge ihres lockeren Sitzes im Boden auch in Zukunft nicht mechanisch köpfen lassen werden, auf geringen Blattanteil auszulesen. Nach eigenen Beobachtungen am Weltsortiment von Kulturfutterrüben verspricht dieses Zuchtziel nur bei den gelben und roten Walzen im Eckendorfer

Typ und den daraus abgeleiteten Sorten Erfolg. Alle anderen Sorten liefern so hohe Blatterträge, daß es in der Praxis nicht tragbar sein wird, auf diese zu verzichten.

Das Futterrübenblatt wird häufig schlecht bewertet. Dabei wird vergessen, daß der Vergleich von Zuckerrübenblatt einschließlich großer Kopfanteile und Futterrübenblatt mit kleinem Kopfanteil unberechtigt ist. Versuchsergebnisse von KÖNEKAMP und GUTMANN (1951) deuten darauf hin, daß die Überlegenheit des Zuckerrübenblattes weitgehend mit dem stärkeren Köpfen zusammenhängt. Futterrübenblatt soll weiterhin mit einem möglichst kleinen Kopfanteil geerntet werden. Um die Konservierbarkeit des Blattes zu verbessern, sollte es im Gemisch mit anderen Futterstoffen, evtl. einem Teil der während der Ernte verletzten und anschließend grob zerkleinerten Futterrüben, einsiliert werden.

BECKER-Dillingen (1928) äußerte sogar den Gedanken, für die spätere Winterfütterung einen Teil der fäulnisgefährdeten Massenrüben im Herbst mit Blatt zu ernten, durch eine große Wäsche gehen zu lassen, sie zu zerkleinern und sofort sorgfältig einzusäuern. Dieser Vorschlag lohnt, in exakten Versuchen mit allen Sorten überprüft zu werden.

Auch die Zusammensetzung des Rübenblattes läßt sich durch züchterische Maßnahmen verbessern. Dessen Wert wird besonders durch einen hohen Gehalt an Oxalsäure ungünstig beeinflußt. Nach Untersuchungen von JUNG (1952) an 16 Zuckerrübensorten liegt der Gehalt an physiologisch wirksamer Oxalsäure in der Blatttrockensubstanz zwischen 13,97 mg/g („Mausbergs E") und 34,47 mg/g (Rabbethge" und „Giesecke N"). Bei keiner Sorte war der Oxalsäuregehalt durch züchterische Maßnahmen verändert worden. Wie SCHLÖSSER (1952) berichtet, ist es gelungen, bei der Futterrübe „Rote Peragis" den Oxalsäuregehalt des Blattes durch Auslese zu senken. Eine entsprechende Schnellmethode zur quantitativen Bestimmung der Oxalsäure müßte noch entwickelt werden, da die von JUNG (1952) verwendete Methode für Serienuntersuchungen nicht geeignet ist.

Die Haltbarkeit der Futterrüben im Winterlager hängt in erster Linie von den Beschädigungen während der Ernte, wozu auch zu starkes Köpfen zählt, und der Temperatur während der Lagerung ab. BLATTMANN (1951) stellte fest, daß die Gesamtverluste während der Mietenlagerung (Gewichtsverluste und Fäulnisverluste) bei stark geköpften Rüben wesentlich höher sind als bei schwach geköpften. Sie betrugen im Durchschnitt von zwei Sorten bei stark geköpften Futterrüben 17,1%, bei schwach geköpften dagegen nur 5,6%. Sortenunterschiede sind nur insofern vorhanden, als gehaltarme Sorten im Fleisch weicher sind als gehaltreiche (BAENSCH 1943), deshalb während der Ernte, besonders beim Auf- und Abladen, leichter verletzt werden und Fäulniserregern besser Eingang gewähren (NÖTZEL 1954).

Nach SCHLÖSSER (1952) sind in nahe verwandten Familien einer roten Walzenrübe sehr erhebliche, erblich bedingte Unterschiede in deren Mietenfestigkeit, d. h. Resistenz gegen Fäulnis, beobachtet worden. Er schließt daraus, daß es möglich sein muß, dieses wichtige Problem mit züchterischen Methoden einer Lösung nahe zu bringen.

Wie notwendig es ist, über die Hinweise auf eine möglichst sorgfältige Ernte hinaus auch den züchterischen Weg zur Verbesserung der Lagerfestigkeit hervorzuheben, beweist die Tatsache, daß heute in der Praxis mit 15% Lagerungsverlusten bei Gehaltsrüben und mit 25% bei Massenrüben (SCHLÖSSER 1952) gerechnet werden muß. Diese Arbeiten scheinen auch deswegen besonders dringend geboten, weil zum Einlagern von Futterrüben in Zukunft in verstärktem Umfang Lagerhäuser oder dazu umgebaute alte Scheunen Verwendung finden werden. Fäulnisherde sind dort um so mehr zu vermeiden, als die Rüben meist nicht von Hand zum Verfüttern entnommen werden und damit das Auslesen von angefaulten oder verfaulten Rüben kaum möglich ist. Durch künstliche Belüftung wird verhindert werden müssen, daß sich im Futterrübenstapel Temperaturen über + 5 °C einstellen. In dieser Hinsicht werden z. Z. Erfahrungen gesammelt. Wenn ROSENKRANZ (1953) lediglich für das Vorbereiten und Decken der Mieten für je 100 dt Rüben 20 Handarbeitsstunden angibt, so wird sich davon ein großer Teil auf diesem Wege einsparen lassen.

Sind keine Möglichkeiten vorhanden, massive Lagerräume zu benutzen, so sollte in verstärktem Umfang von der meist üblichen schmalen, langen Mietenform (dreieckiger Querschnitt mit 1,50 m Kantenlänge) abgegangen werden. Größere Mieten mit einem Querschnitt von 7 m Breite am Boden, 1,50 m Höhe und beliebiger Länge, wie sie KLITSCH (1957) empfiehlt, gestatten das Einmieten fast ohne Erdbewegung. Einzelne Betriebe bevorzugen auch Mieten mit einer Grundfläche von 8 m × 8 m bei 1,50 m Höhe, wobei die Strohdecke nur an den Seitenwänden leicht mit Erde beworfen wird. Dadurch sind diese Mieten ohne Erdbewegung auch im Winter fast jederzeit zugänglich.

ZUSAMMENFASSUNG

Im Verlauf fortschreitender Mechanisierung des Anbaues aller Feldfrüchte werden diejenigen Kulturpflanzen in Zukunft an Bedeutung verlieren, bei denen diese Entwicklung auf Schwierigkeiten stößt. Der Gefahr, durch andere Futterpflanzen verdrängt zu werden, ist heute besonders die Futterrübe ausgesetzt.

Zur Verbesserung der Leistung wird vorgeschlagen, in der Erhaltungszucht nach dem Inzucht-Heterosis-Prinzip zu arbeiten. Zuchttechnische Fragen, die damit in Zusammenhang stehen, werden diskutiert. Auf die Notwendigkeit, in verstärktem Maße auch bei Futterrüben die Polyploidiezüchtung zu betreiben, wird hingewiesen.

Als eine wirkungsvolle Maßnahme zur Ertragssteigerung erwies sich frühe Aussaat. Die Züchter sollen durch Züchtung auf Schloßresistenz und durch Selektion von Typen, die bei niedrigen Temperaturen keimen, die Vorteile der frühen Aussaat voll zur Wirkung kommen lassen. Da die Futterrübe leistungsmäßig meist über allen Futterpflanzen liegt und sich nur auf Grund des hohen Handarbeitsbedarfs neben diesen zur Zeit nicht behaupten kann, werden folgende Maßnahmen vorgeschlagen, mit deren Hilfe es gelingen wird, den Arbeitsaufwand erheblich zu senken:

1. Züchtung von Futterrüben mit monokarpen Früchten, um die arbeitswirtschaftlichen Vorteile monokarpen Saatgutes in allen Futterrübenbaugebieten nutzen zu können.
2. Beachtung des Merkmals Pflanzfähigkeit durch die Züchter, da durch den Einsatz halbautomatischer Pflanzmaschinen die Möglichkeit gegeben ist, in bestimmten Gebieten auch in Großbetrieben in Zukunft die Futterrüben zu pflanzen.
3. Einsatz von entsprechend eingerichteten Rübenvollerntemaschinen zur Ernte fest im Boden sitzender Futterrüben. Diese Typen sollten neuzüchterisch bevorzugt bearbeitet werden.
4. Züchtung einer Futterrübe, die so fest im Boden wurzelt, daß sie mit einem besonderen, von der Landmaschinenindustrie noch zu entwickelnden Köpfgerät maschinell geköpft und doch mit einfachen Hilfsmitteln gerodet werden kann.
5. Verwendung handarbeitsparender Ernteverfahren unter Einsatz von zweckmäßigen Handgeräten zum Köpfen und mechanischen Hilfsmitteln zum Roden von tonnen- und walzenförmigen Typen.
6. Durchführung von Versuchen, die klären sollen, ob bestimmte blattarme Sorten in ausgedehntem Maße ohne Nachteil mit Blatt eingemietet werden können.

Die wesentlichsten Unterschiede, die zwischen Aussaat, Pflege und Ernte von Zucker- und Futterrüben bestehen, werden behandelt. Abschließend wird auf den Wert des Futterrübenblattes und einige Gesichtspunkte bei der Einlagerung von Futterrüben hingewiesen.

РЕЗЮМЕ

В процессе усиливающейся механизации возделывания всех полевых культур в будущем утратят свое значение те культуры, у которых такое развитие наталкивается на трудности. Угрозе оттеснения другими кормовыми растениями особенно подвержена кормовая свекла.

Для повышения продуктивности предлагается при селекции на сохранение урожайности работать по принципу „инцухт-гетерозис“. В связи с этим обсуждаются вопросы техники выведения.

Указывается на необходимость усиленно применять полиплоидию также и на кормовой свекле.

Эффективной мерой для повышения урожайности оказался ранний высев. Селекционерам следовало бы путем селекции на устойчивость к цветухе и ботора типов, прорастающих при низких температурах, использовать все преимущества раннего высева. Ввиду того, что кормовая свекла в большинстве случаев превышает все другие кормовые культуры по продуктивности и лишь по своей большой потребности в ручном труде в настоящее время не в состоянии конкурировать с ними, предлагаются следующие меры для значительного снижения затраты труда:

1. выведение односемянной кормовой свеклы для того, чтобы использовать трудохозяйственные преимущества односемянного посевного материала во всех областях возделывания кормовой свеклы.

2. Обращение внимания селекционеров на признак пригодности к ранней высадке, ввиду того что использование полуавтоматических посадочных машин разрешит в будущем посадку кормовой свеклы также и в крупных хозяйствах определенных районов.
3. Использование надлежащим образом устроенных свеклоуборочных комбайнов для уборки кормовой свеклы, прочно коренящейся в почве. Требуется прежде всего селекционная обработка этих типов кормовой свеклы.
4. Выведение кормовой свеклы, столь сильно коренящейся в почве, что у нее можно машинально удалить ботву ботвосрезателем, разрабатываемым еще сельскохозяйственной машиностроительной промышленностью, не лишаясь при том возможности убрать ее простыми средствами.
5. Применение способов уборки, экономящих ручной труд, используя целесообразные ручные орудия для срезания ботвы и механические средства для уборки кормовой свеклы бочечного или цилиндрического типа.
6. Проведение опытов для того, чтобы выяснить, можно ли в большом масштабе буртовать определенные, бедные ботвой сорта, не причиняя вреда ботве.

Излагаются наиболее важные разницы, возникающие при посеве и уборке сахарной и кормовой свеклы, а также уходе за ними. В заключение отмечаются значение ботвы и некоторые положения при складировании кормовой свеклы.

SUMMARY

In the course of the advancing mechanization of the cultivation of all field crops all those cultivated plants will become less important in future where this development ist confronted with difficulties. Today it is particularly the fodder beet which is threatened by being suppressed by other fodder plants.

To increase the production it is proposed that pure stock maintenance should work on the inbreeding-heterosis-principle. Related technical questions of breeding are discussed. The necessity is pointed out to use increasingly polyploid breeding also with fodder beets.

Early sowing turned out an effective measure for increasing the yield. By breeding for resistance to bolting and selecting types which germinate at low temperatures the breeder should make full use of the advantages offered by early sowing. Since the fodder beet gives usually higher yields than all the other fodder plants but cannot keep its position because of the high requirement of manual labour the following measures are proposed by means of which the labour requirement can be considerably reduced:

1. Breeding of monocarpic fodder beets in order to utilize the labour-economical advantages of monocarpic seeds in all districts where fodder beets are grown.
2. Breeders should pay attention to the „capability of planting" since the application of semi-automatic planting machines enables the fodder beet to be grown in future also in largescale farms of certain regions.
3. The application of suitably adjusted complete beet harvesters for harvesting fodder beets sticking tightly in the soil. These types should be improved by breeding.

4. Breeding of a fodder beet rooting so tightly in the soil that it can be topped by a special topper to be designed by the agricultural engineering industry and yet be lifted by simple means.
5. The use of labour-saving harvesting methods for suitable hand toppers and mechanical means for lifting tubby and cylindrical types.
6. Examinations which are to clarify whether certain varieties poor in leaves can extensively be pitted with leaves without any loss.

The essential differences existing between sowing, tending and harvesting of sugar and fodder beets are discussed. In conclusion the value of the fodder beet leaf and some points of view regarding the storage of fodder beets are pointed out.

LITERATURVERZEICHNIS

BAENSCH, H. V.: Methodische und vergleichende Versuche über die Fleischfestigkeit von *Beta*-Rüben. Z. Pflanzenzücht. **25**, 8—37 (1943).

BANDLOW, G.: Pollensterilität und ihre Bedeutung für die Heterosiszüchtung. Naturwiss. Rdsch. 302—308 (1957).

BANDLOW, G.: Die Pollensterilität der *Beta*-Rübe und ihre Bedeutung für die Polyploidiezüchtung. Wiss. Abh. Dt. Akad. Landwirtsch.-Wiss. Berlin **34**, 52—68 (1958).

BECKER-DILLINGEN, J.: Handbuch des Hackfruchtbaues und Handelspflanzenbaues. Berlin 1928.

BECKER-DILLINGEN, J.: Abriß über die Leistungen der deutschen Zucker- und Futterrübenzüchter. Der Züchter **3**, 172—181 (1931).

BLATTMANN, W.: Köpfungsgrad und Lagerungsverluste bei Futter- und Zuckerrüben. Mitt. Dt. Landwirtsch.-Ges. **66**, 716—717 (1951).

BRINKMANN, W.: Einzelkornablage von aufbereitetem Rübensaatgut. Landtechn. Forsch. **6**, 125—132 (1956).

BÜNGER, H.: Fünfjährige Ergebnisse des Anbaues von Silomais im Vergleich mit Futterrüben. Mitt. Dt. Landwirtsch.-Ges. **45**, 253—255 (1930).

FISCHNICH, O., und M. THIELEBEIN: Entwicklungstendenzen im Zuckerrübenbau. Landbauforsch. (Völkenrode) **8**, 7—9 (1958).

FRANDSEN, K. J.: Colchicininduzierte Polyploidie bei *Beta vulgaris* L. Der Züchter **11**, 17—19 (1939).

FRANDSEN, K. J.: Nye iagttagelser over tetraploid og triploid foderbede. D. L. F. und F. D. B. Plant breeding Stat. Øtoftegaard, Taastrup 1947, 1—8 (zit. n. MÜTZING, A.: Handbuch der Pflanzenzüchtung 2. Aufl., **1**. Band., 700—731 (1958).

FRANDSEN, K. J.: Breeding of forage beets. In: KAPPERT-RUDORF: Handbuch der Pflanzenzüchtung. 2. Aufl. **3**. Bd., 284—311 (1958).

FRUWIRTH, C.: Futterrübe (*Beta vulgaris* L. var. *Rapa Dumort*, *Crassa Alef.*) In: Handbuch der Pflanzenzüchtung 4. Aufl. **2**. Bd. 50—121 (1922).

FRUERGAARD, H. S.: Metode og Principer for Foderroeforaedling. T. Planteaol. **29**, 817—851 (1923).

FÜRSTE, W.: Anbauerfahrungen mit der polyploiden Zuckerrübensorte „Kleinwanzlebener Multa N". Zuckererzeug. **1**, 48—50 (1957).

FÜRSTE, W.: Maßnahmen zur Erhöhung des Anteils triploider Pflanzen in polyploiden Zuckerrüben. Wiss. Abh. Dt. Akad. Landwirtsch.-Wiss. Berlin **34**, 28—36 (1958).

GERDES, G.: Problematik und Methodik des Hauptzuchtzieles der Zuckerrübenzüchtung. Höchster Zucker- und Futterertrag von der Flächeneinheit. Zucker **11**, 3—11 (1957).

HEINISCH, O.: Beschädigte Keimpflanzen aus einkeimigen Rübensamen. Dt. Landwirtsch. Presse **73**, 4 (1950).
HEINISCH, O.: Vordringliche Zuchtziele bei Zucker- und Futterrüben. Land- u. forstwirtsch. Betrieb **5**, 125—128 (1956).
HEINISCH, O.: Aufgaben der Züchtung für die Mechanisierung der Frühjahrsarbeiten. Zuckererzeug. **3**, 154—157 (1959).
HEINISCH, O., M. L. KLAUSS und G. DARMER: Entwicklung und Bau des Rübenknäuels im Hinblick auf seine Zertrümmerungsfähigkeit und die Bedeutung des Zuchtzieles „Einzelfrüchtigkeit". Der Züchter **22**, 79—84 (1952).
HELLER, C.: Neue Wege zur Bestellung und Pflege der Zuckerrüben. Landtechn. **12**, 58—62 (1957).
HELWEG,: Elitezucht für Futterrüben in Dänemark. Mitt. Dt. Landwirtsch.-Ges. **20**, 337—338 (1905).
HILLMANN, P.: Die deutsche landwirtschaftliche Pflanzenzucht. Arb. Dt. Landwirtsch.-Ges. H. 168, Berlin 1910: Verl. Parey.
JUNG, J.: Über die quantitative Bestimmung und das Vorkommen der Oxalsäure in Pflanzen sowie die Abhängigkeit ihrer Bildung und Bindungsform im Rübenblatt von Ernährung und Sorte. Diss. Gießen 1952.
KALLMEYER, W.: Zweckmäßiger Zucker- und Futterrübenbau. Zuckerrübenbau **23**, 63—68 (1941).
KAYSER, W.: Vereinfachung der Futterrübenernte. Dt. Landwirtsch. Presse **56**, 687 (1929).
KILIAN, J.: Durch Anwendung geeigneter Arbeitsverfahren zu höheren Flächenleistungen in der Futterrübenernte. Dt. Landwirtsch. **8**, 426—429 (1957).
KILIAN, J.: Arbeitserleichterung und Arbeitsbeschleunigung durch Einsatz halbautomatischer Pflanzmaschinen. Dt. Landwirtsch. **8**, 591—597 (1957).
KLITSCH, C.: Die Futterfrage in Mitteldeutschland. Ein Beitrag zu ihrer Lösung. Wiss. Abh. Dt. Akad. Landwirtsch.-Wiss. Berlin 1957, **25**, Berlin: Akad.-Verl.
KLOEN, D., und G. J. SPECKMANN: The Creation of tetraploid beets. IV. The morphological and physiological characteristics of C_2-beets. Euphytica **5**, 308—322 (1956).
KNAPP, E.: *Beta*-Rüben, besonders Zuckerrüben. In: KAPPERT-RUDORF: Handbuch der Pflanzenzüchtung. 2. Aufl., **3**. Bd., 196—284 (1958).
KNAPP, E., und H. WIEBALK: Über den Anteil der Diploiden, Triploiden und Tetraploiden an den Leistungseigenschaften einer polyploiden Zuckerrübensorte („Kleinwanzlebener Polybeta") Z. Zuckerind. **7**, 166—169 (1957).
KÖNEKAMP, H. A., und A. GUTMANN: Futterrübe und Zuckerrübe als Futterpflanze und Nährstofflieferanten. Flugschr. Dt. Landwirtsch.-Ges. H. 14 (1951).
KUCKUCK, H.: Entwicklung und Probleme neuzeitlicher Pflanzenzüchtung. Berlin 1951: Verl. Parey.
KUCKUCK, H., und A. MUDRA: Lehrbuch der allgemeinen Pflanzenzüchtung. Stuttgart 1950: Hirzel-Verl.
LIPPMANN, O. v.: Geschichte der Rübe (*Beta*) als Kulturpflanze. Berlin 1925: Verl. Springer.
LÜDDECKE, F.: Bericht über die Ergebnisse der anbautechnischen Feldversuche des Jahres 1954. Z. landwirtsch. Vers.- u. Untersuchungswes. **1**, 377—386 (1955).
LÜDDECKE, F.: Der Anbau von Silomais in den norddeutschen Bezirken Rostock, Schwerin und Neubrandenburg. Dt. Landwirtsch. **8**, 171—176 (1957).
LÜDECKE, H.: Probleme des Rübenvereinzelns. Zucker **5**, 377 (1952).
LÜDECKE, H.: Zuckerrübenbau. Berlin 1953: Verl. Parey.
MÖBIUS, H.-J.: Die Ergebnisse der Runkelrüben-Sortenwertprüfungen 1954—1956. Arb. Zentralstelle f. Sortenwes. **1**, 123—155 (1958).
NEYE, L.: Die Pflanzenbaulehre. 15. Aufl., Weimar 1948.

NÖTZEL, H.: Die wesentlichsten Gesichtspunkte für die Sortenwahl bei Futterrüben. Dt. Landwirtsch. **5**, 193—196 (1954).

ORLOWSKY, N. J.: Monogerm sugar beet. Field crop Abstr. **10**, 221—224 (1957).

OWEN, F. v.: Cytoplasmatically inherited male-sterily in sugar beets. J. agric. Res **71**, 423—440 (1945).

PANSCHIN, B. A.: „Die Zuckerrübenzüchtung". In: VAVILOV: Theoretische Grundlagen der Pflanzenzüchtung. Leningrad 1937.

PRIEBE, H.: Landarbeit heute und morgen. Berlin u. Hamburg 1953: Verl. Parey.

RASMUSSON, J.: Foderrotfrukternas förädling. Sverig. Utsädesförening 121—150 (1928).

RASMUSSON, J.: Studies on the breeding of cross fertilizing plants. I. Effect of mass selection in mangels. Hereditas **16**, 249—256 (1936).

ROEMER, Th.: 50 dz Rohzucker statt 40 dz pro Hektar! Zuckerrübenbau **9**, 13—15, 24—27, 69—75, 151—154 (1927).

ROEMER, Th.: Silomais im Wettbewerb gegen Futterrüben. Dt. Landwirtsch. Presse **55**, 679 (1928).

ROEMER, Th.: Schosserbildung als Sorteneigenschaft. Zuckerrübenbau **13**, 169—173 (1931).

ROEMER, Th.: Aussaatzeitenversuch 1927—1936 mit 3 Zuchtrichtungen. Zuckerrübenbau **19**, 44—48 (1937).

ROEMER, Th.: Achtjährige Aufschuß-Prüfungen von 16 Zuckerrübensorten auf dem Versuchsfeld Halle a. S. Zuckerrübenbau **19**, 51—54 (1937).

ROEMER, Th.: Probleme und Fernziele der deutschen Feldwirtschaft. Berlin, 1949: Verl Parey.

ROEMER, Th., und W. RUDORF: Natürliche Auslese und Auslesezüchtung. In: KAPPERT-RUDORF: Handbuch der Pflanzenzüchtung 2. Aufl. **1**. Bd. 443—496 (1958).

ROSENKRANZ, O.: Technisch-wirtschaftliche Kennziffern zur Plannung der Feldwirtschaft in den volkseigenen Gütern der DDR. Berlin 1953.

ROSENKRANZ, O.: Zum Problem der Arbeitsspitzen in der Landwirtschaft. Dt. Landwirtsch. **5**, 57—59 (1954).

ROSENKRANZ, O.: Landarbeitslehre, Teil 2. Lehrbriefe f. d. Fernstudium Leipzig 1955.

SAVITZKY, V. F.: Monogerm sugar beets in the United States. Proc. Amer. Soc. Sug. Beet. Techn. **6**, 156—159 (1950).

SAVITZKY, V. F.: Genetische Studien und Züchtungsmethoden bei monogermen Rüben. Z. Pflanzenzücht. **40**, 1—36 (1958).

SCHLÖSSER, L. A.: Gegenwartsfragen der Zuckerrüben- und Futterrübenzüchtung. Arch. Dt. Landwirtsch.-Ges. 64—78 (1952).

SCHLÖSSER, L. A.: Gegenwartsfragen der Zuckerrübenzüchtung. Zucker **8**, 533—536 (1955).

SCHNEIDER, F.: Züchtung der *Beta*-Rüben. In: ROEMER-RUDORF: Handbuch der Pflanzenzüchtung. **4**. Bd., 1—95 (1944).

SEDLMAYR, K.: Polyploide Zuckerrüben. Bodenkultur **8**, 235—243 (1955).

SEDLMAYR, K.: Aktuelle Probleme der Zuckerrübenzüchtung. Sitz.-Ber. Dt. Akad. Landwirtsch.-Wiss. Berlin 1956, **5**, H. 4.

SMITH, C. H.: Heritable differences in germination of sugar beet seed at low temperatures. Proc. Amer. Soc. Sug. Beet. Techn. **7**, 411—414 (1952).

TIEMANN, A.: Feldfutter und Zwischenfruchtbau. In: Handbuch der Landwirtschaft 2. Aufl., **2**. Bd., 388—476 (1953).

WECK, R.: Gehaltsmaßstäbe und Gehaltsänderung von *Beta*-Sorten bei zunehmender Lagerdauer sowie Bemerkungen über Einmietung und Futterwert. Zuckerrübenbau **15**, 135—143 (1933).

WECK, R.: Futterrübenbau polizeilich verboten? Neue Mitt. Landwirtsch. **5**, 337 (1950).

WENNER, H.-L., und H. SCHULZ: Arbeitserleichterung in der Futterrübenernte. Landtechn. **13**, 382—386 (1958).

WICHMANN, W.: Leistungsanlagen und züchterische Probleme der Futterrüben und Kohlrüben unter besonderer Berücksichtigung deutscher Verhältnisse. Z. Pflanzenzücht. **37**, 27—40 (1957).

WOOD, R. R.: Selection for cold tolerance and low temperature germination in sugar beets. Proc. Amer. Soc. Sug. Beet Techn. **7**, 407—410 (1952).

Bericht über die Ergebnisse der Kontroll- und Hauptprüfungen mit Runkelrüben 1949. Berlin 1949.

Bericht über die Ergebnisse der Kontrollprüfungen mit Runkelrüben 1951, 1952—1953. Ministerium für Land- und Forstwirtschaft, HV Pflanzliche Produktion — Sortenprüfwesen — Berlin 1953.

Aus dem Institut für Pflanzenzüchtung Kleinwanzleben
der Deutschen Akademie der Landwirtschaftswissenschaften zu Berlin

P. CURTH

Der ökonomische Quotient von Zuckerrübenkulturen unter Glas in Abhängigkeit von Temperatur und Beleuchtungsstärke

Unterschiedliche Auffassungen über die zweckmäßigste Temperierung von Gewächshauskulturen, vor allem während der Wintermonate, gaben den Anlaß zu einer kurzen Analyse der Abhängigkeit positiver Stoffbilanz von Temperatur und Beleuchtungsstärke. Ausgegangen wird hierbei von den durch LUNDEGÅRDH (1954) ermittelten Temperaturassimilationskurven von Zuckerrübenpflanzen, die bei verschiedenen Licht- und CO_2-Bedingungen gehalten wurden. Da entsprechende Temperaturatmungs- und -wachstumskurven unbekannt sind, soll im folgenden der Versuch unternommen werden, durch Vergleich von Atmungs-, Assimilations- und Wachstumsverlauf zweier verschiedener, jedoch pflanzengeographisch und -ökologisch ähnlich situierter Kulturpflanzen — Zuckerrübe und Bohne — die Bereiche positiver Stoffbilanz bei differenzierten Umweltbedingungen zu erörtern, um hieraus für die angewandte Züchtung unter Glas wichtige Schlußfolgerungen ziehen zu können. Der Vergleich Zuckerrübe/Bohne[1] ist also für praktische Bedürfnisse zurechtgelegt und darf nicht vom rein theoretischen Gesichtspunkt betrachtet werden.

Die Assimilation unter normalen Licht- und CO_2-Verhältnissen des Sommerhalbjahres (1/1 Licht, 1/1 CO_2) beginnt bei Temperaturen von etwa — 2 bis — 3 °C, steigt dann bis zu einer Temperatur von etwa +20 °C an und fällt von diesem Wert bis in einen Bereich um +50° C herum wieder kontinuierlich ab (Abb.). Der Kurvenverlauf ist also durch die Kardinalpunkte — 3 °C, +20 °C (Maximum) und + 50 °C festgelegt. Während der Wintermonate verschiebt sich das Assimilationsmaximum infolge der niedrigen Beleuchtungswerte von oft nur 1 bis 2000 Lux (1/25 Licht, 1/1 CO_2) nach links in einen Temperaturbereich um etwa +10 °C, wobei die Temperaturendpunkte ihre Lage beibehalten. Nach Steigerung des CO_2-Gehaltes der Luft auf das 40fache des normalen (1/1 Licht, 40/1 CO_2), was im Falle einer praktischen Anwendung z. B. in Gewächshäusern auf größere Schwierigkeiten stoßen würde, tritt das entgegengesetzte ein, das Maximum verschiebt sich nach rechts und korrespondiert jetzt mit einer Temperatur von etwa +30 °C. Da letztgenannte Beziehung jedoch ausschließlich theoretische Bedeu-

1) Über die Möglichkeit eines Vergleichs von Assimilation der Zuckerrübe einerseits mit Atmung und Wachstum der Bohne andererseits wurde mit H. LUNDEGÅRDH korrespondiert.

tung behalten dürfte, soll sie bei der weiteren Behandlung der Zusammenhänge ausgeklammert werden.

Entscheidend für die Bestimmung von Höhe und Breite des Bereiches positiver Stoffbilanz ist in gleicher Weise die temperaturabhängige Atmungskurve, deren Temperaturendpunkte etwa die gleichen sind wie die der Assimilation, deren Maximum allerdings weit nach rechts verschoben sein dürfte, mit Temperaturwerten von etwa +38 bis +40 °C korrespondierend. Da für Zuckerrübenpflanzen eine Temperaturatmungskurve bisher experimentell nicht ermittelt werden konnte und eine solche auch aus der Literatur nicht bekannt ist, wurde stellenvertretend die Atmungskurve der Bohne (BÜNNING 1939) eingezeichnet (Abb.). Ohne damit eine gewisse Fragwürdigkeit dieses Vergleichs ausschließen zu wollen, wird angenommen, daß die Kardinalpunkte der Bohnenkurve nicht wesentlich von denen der Zuckerrübe abweichen, da beide Arten zu den Kulturpflanzen des nördlichen gemäßigten Klimagürtels gehören. Ganz allgemein scheint man sich bei der Festlegung des Atmungsverlaufes vor allem darüber im Unklaren zu sein, ob durch allmählich abnehmende Temperaturen die Atmung eher sistiert wird als die Assimilation oder ob sie noch bei Temperaturen von einigen Graden unter 0 °C fortschreitet, bei denen die Assimilation bereits zum Stillstand gekommen ist. Die noch offene Frage soll in diesem Rahmen nicht weiter behandelt werden; beide Ansichten sind graphisch in Form der gestrichelten Linien berücksichtigt.

Der Temperaturwachstumsverlauf ist insofern von großer Bedeutung, als ein normal wüchsiger, gesunder Habitus nur dann erreicht werden kann, wenn jeder Wachstumsintensität die entsprechende Stoffbilanz zugeordnet ist. Da eine experimentell fundierte Temperaturwachstumskurve der Zuckerrübe ebenfalls noch nicht bekannt ist, konnte deren Stelle wiederum nur die entsprechende Kurve der Bohne einnehmen (BÜNNING 1939). Die Kardinalpunkte liegen bei etwa +3 °C, +27 °C (Maximum) und + 40 °C, wobei auch in diesem Falle eine zumindest grobe Übereinstimmung mit der Wachstumskurve der Zuckerrübe angenommen wird. Auf eine zusätzliche Beeinflussung des Wachstums und möglicherweise auch der Atmung durch die Beleuchtungsstärke möge im Rahmen dieser Arbeit nicht näher eingegangen werden, da derartigen Beziehungen nur eine untergeordnete Bedeutung zukommen dürfte.

Aus den jeweiligen Verhältnissen Assimilation/Atmung oder den ökonomischen Quotienten ergeben sich die Bereiche positiver und negativer Stoffbilanz der Pflanzen, die sich entsprechend der sehr unterschiedlichen Höhe und Lage der einzelnen Maxima über der Temperaturskala anordnen. Bei normalen Verhältnissen (1/1 Licht, 1/1 CO_2), wie sie etwa im Sommerhalbjahr vorherrschen, zeigen die Pflanzen, unter der Annahme eines bei niedrigen Temperaturen stets vorhandenen Assimilationsüberschusses, vor Beginn des eigentlichen Wachstums um etwa +3 °C herum einen positiven Quotienten schon bei Temperaturen von —2 °C, der dann bis zu Temperaturwerten von etwa +20 °C ansteigt und von diesem Optimum bis zum Kompensationspunkt K (Abb.) wieder auf den Wert 1 abfällt. Die Nettoassimilation ist im Punkt K gleich 0, die Stoffbilanz zeigt Ausgeglichenheit, Atmung und Assimilation halten sich die Waage, CO_2-Abgabe und -Aufnahme sind gleich, ein Gaswechsel ist äußerlich nicht wahrnehmbar. Vom Kompensationspunkt, der bei etwa +34 °C liegt, bis zum Totpunkt des pflanzlichen Lebens bei etwa +50 °C zeigt der ökonomische Quotient Werte unter 1, was bedeutet, daß die Pflanzen unter ständigem Substanzverlust leben müssen. Die Existenz eines weiteren Kompensationspunktes bei etwa +2 °C, der sich durch Überschneidung von normaler Assimilationskurve und experimentell genau festzulegender Atmung

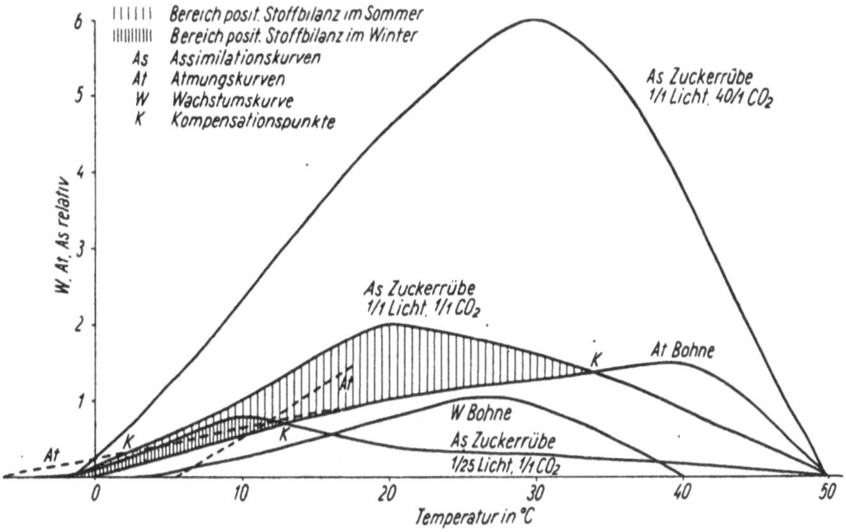

Die Beziehungen von Assimilation, Atmung und Wachstum zur Temperatur unter verschiedenen Licht- und CO_2-Bedingungen. Assimilationskurven umgezeichnet nach LUNDEGÅRDH 1954, Atmungs- und Wachstumskurven umgezeichnet nach BÜNNING 1939. Nähere Erläuterungen im Text.

im Bereich niedriger Temperaturen (gestrichelte Kurve ganz links im Bild) ergeben könnte, muß so lange fraglich bleiben, bis völlige Klarheit darüber herrscht, ob bei absinkenden Temperaturen die Atmungstätigkeit effektiv länger anhält als die Assimilationsleistung.

Ungünstige Lichtbedingungen im Winterhalbjahr (1/25 Licht, 1/1 CO_2) verschieben das Gebiet positiver Stoffbilanz unter beträchtlicher Abnahme des Assimilationsüberschusses in einen Bereich niedrigerer Temperaturen mit dem Optimalwert von etwa +8 °C. Während der zweite Kardinalpunkt bei etwa —2 °C liegt, ist der dritte, der Kompensationspunkt, im Vergleich zur Lage des entsprechenden unter sommerlichen Verhältnissen, weit nach links verschoben (+13 °C). Die Ursache liegt darin, daß bei annähernd gleichbleibender, von der Beleuchtung unbedeutend beeinflußter Atmungsintensität die niedrigen Lichtwerte des Winters den atmungsbedingten CO_2-Verlust nur im Bereich von —2 °C bis +13 °C überkompensieren können. Jenseits dieses Kompensationspunktes beginnt wieder der weite Bereich negativer Stoffbilanz mit dauerndem Substanzverlust, der unvergleichlich größer ist als der entsprechende unter normalen Lichtverhältnissen.

Von außerordentlicher Bedeutung ist ferner die Lage der ökonomischen Quotienten zur Wachstumskurve. Aus der graphischen Darstellung (Abb.) geht hervor, daß sich unter Zugrundelegung normaler Lichtverhältnisse, nach zunächst günstigen Verhältnissen zwischen Stoffbilanz und Wachstum bis zu einer Temperatur von +20 °C, im Temperaturbereich von +20 bis +27 °C der Substanzüberschuß bei steigender Wachstumsintensität ständig verringert. Selbst am Punkt der ausgeglichenen Bilanz (K) findet noch ein relativ schnelles Wachstum statt, das erst bei etwa +40 °C, nach einer vorangegangenen kontinuierlichen Intensitätsabnahme unter Bedingungen zunehmender Substanzverluste, völlig sistiert ist. Bei Betrachtung der winterlichen Verhältnisse wird die Diskrepanz zwischen der Lage des Bereiches positiver Stoffbilanz und dem Wachstumsverlauf noch wesentlich krasser. Zunächst steigen ähnlich den sommerlichen Verhältnissen bis zum Optimalwert des ökonomischen Quotienten, der bei einer Temperatur von etwa +8 °C zu suchen sein dürfte, sowohl Substanzproduktion als auch Wachstumsintensität an. Jenseits dieses Wertes, über den Kompensationspunkt K, bis zum Wachstumsmaximum bei etwa +27 °C korrespondieren zunächst abnehmender Substanzüberschuß, dann zunehmender Substanzschwund mit steigender Wachstumsintensität; erst von hier ab erfolgt bei weiterhin zunehmender Substanzveratmung und nachlassender Assimilationstätigkeit Abnahme der Wachstumsgeschwindigkeit.
Assimilation, Atmung und Wachstum würden erst unter den allerdings praktisch kaum realisierbaren Bedingungen eines um das 40fache gesteigerten CO_2-Gehaltes der Luft in ein sinnvolles Verhältnis zueinander gebracht werden. Die entsprechenden Wachstums- und Assimilationsoptima differierten dann hinsichtlich ihrer Lage nur um etwa 3 °C, und auch der Atmungsverlauf würde die entsprechende Assimilationskurve (1/1 Licht, 40/1 CO_2) an keinem Temperaturpunkt überschneiden, obwohl das Atmungsmaximum bei Temperaturen von etwa +38 bis +40 °C liegt.
In diesem Zusammenhang möge erwähnt werden, daß es sich bei sämtlichen dargestellten Assimilationsverläufen in Wirklichkeit um jahreszeitlich zu differenzierende, folglich gleitende Temperaturassimilationskurven handelt, deren Kardinalpunkte sich entsprechend den ständigen Veränderungen im jährlichen Lichtrhythmus täglich um ein geringes verschieben. Weiter sei bemerkt, daß das Schwergewicht dieser Betrachtung auf der Darlegung und Analyse allgemeiner Zusammenhänge liegen soll, ohne eine Diskussion darüber beginnen zu wollen, ob z. B. irgendein Maximum vielleicht 2 °C weiter links oder rechts läge, bzw. ob die relative Größe des Assimilationsüberschusses überall richtig getroffen sei. Es wird ebenso darauf verzichtet, den für die günstigste Stoffbilanz gleichermaßen wichtigen interdiurnalen Temperatur-Lichtrhythmus zu behandeln.
Aus den oben dargelegten Beziehungen ergibt sich, daß der Assimilation, der Atmung und dem Wachstum unter verschiedenen Licht- und CO_2-Bedingungen als einheitlichen Energiesystemen jeweils eine ganz bestimmte Temperaturlage zugeordnet werden muß, wenn man stets die Gewähr für den günstigsten ökonomischen Quotienten bei gesundem Wachstum haben will. Da der CO_2-Gehalt nur unter großem Aufwand gesteigert werden kann und die Beschaffung von Belichtungsaggregaten ebenfalls mit größeren Kosten verbunden ist, wobei die effektive

Erhöhung der Lichtwerte verhältnismäßig gering wäre, dürfte der Schlüssel zur Verbesserung des winterlichen Gewächshausklimas in einer geeigneten Temperatursteuerung liegen. Für Zuckerrübenkulturen sollte während der lichtschwachen Monate eine Temperatur von +6 bis +10 °C gewählt werden, und in den Sommermonaten dürfte der Temperaturbereich von +16 bis +22 °C angemessen sein. Bei Nichteinhaltung dieser Bedingungen würden Substanzverluste, temperatur- und lichtformative Verunstaltungen, zunehmender Befall von Krankheiten, Kümmerwuchs und schließlich der Tod in Erscheinung treten. Höhere Temperaturen dürften dabei unvergleichlich mehr schaden als zu niedrige. Was schließlich die Technik der Temperaturregulierung betrifft, so können die für die lichtschwachen Wintermonate erforderlichen niedrigen Temperaturen ohne Schwierigkeiten bequem durch Fensteröffnung oder Drosselung der Heizung erreicht werden, während im Sommerhalbjahr eine Temperatur von +22 °C mittels altherkömmlicher Fensterlüftung und Schattierung oft nicht einzuhalten ist, so daß nach neuen Temperierungsmöglichkeiten, wie den Systemen der Mattenkühlung oder der Taschenklappe, gesucht werden muß.

Abschließend sei bemerkt, daß die erläuterten Zusammenhänge sowohl hinsichtlich der größtmöglichen Zuckeranreicherung wie auch als Voraussetzung für die Erzielung eines hohen Samenertrages, abgesehen von der Erhaltung eines gesunden Pflanzenbestandes, eine hervorragende Bedeutung haben dürften. Aus diesem Grunde wäre es wünschenswert, auch die Temperaturatmungs- und -wachstumskurve der Zuckerrübe experimentell festzulegen, um somit auf den im Rahmen dieser Arbeit gewagten, doch etwas fragwürdigen Vergleich Zuckerrübe/Bohne verzichten zu können.

ZUSAMMENFASSUNG

Es wird die Temperaturlage verschiedener Assimilations-, Atmungs- und Wachstumskurven erörtert, aus denen sich die Bereiche positiver und negativer Stoffbilanz ergeben. Gesteigerter CO_2-Gehalt der Luft wie ungünstige Lichtverhältnisse im Winter bedingen eine erhebliche Veränderung von Größe und Lage des ökonomischen Quotienten. Voraussetzung für eine normale Gestalt von Zuckerrübenpflanzen ist vor allem das Verhältnis von Substanzüberschuß zur Wachstumsintensität. Während der Wintermonate ist deshalb eine Temperatur von +6 bis +10 °C zu wählen, im Sommerhalbjahr dagegen darf die Gewächshaustemperatur +22 °C nicht übersteigen. In Anbetracht der großen Bedeutung der analysierten Zusammenhänge wird auf die Notwendigkeit der experimentellen Festlegung von Temperaturatmungs- und -wachstumskurve der Zuckerrübe hingewiesen.

РЕЗЮМЕ

Излагается высота температуры различных кривых ассимиляции, дыхания и роста, из которых видных зоны положительного и отрицательного баланса веществ. Увеличение содержания CO_2 в воздухе и недостаток света зимой вызывают значительные изменение величины и положения экономического частного. Предпосылкой нормального внешнего вида растений сахарной свеклы прежде всего является отношение излишка вещества к интенсивности роста. В зимние месяцы поэтому рекомендуется температура от + 6 до + 10°C, а летом температура теплиц не должна превышать + 22 °C. В виду большого значения анализированных связей, указывается на необходимость экспериментального установления кривых температуры, дыхания и роста сахарной веклы.

SUMMARY

The temperature ranges of various assimilation, respiration and growth curves giving information on the positive and negative balance of substances are discussed. An increased CO_2-content of the air as well as unfavourable light conditions in the winter cause considerable changes in the size and position of the economic quotient. A normal form of sugar beet plants depends above all upon the ratio of excessive substances to growth intensity. During the winter months a temperatur of +6 to +10 °C should be chosen, while in the summer month the greenhouse temperature may not be higher than +22 °C. Considering the great importance of the analysed correlations, the necessity to determine experimentally the temperature-respiration- and growth curves of the sugar beet is pointed out.

LITERATURVERZEICHNIS

BONNER, J., und A. W. GALSTON: Principles of Plant Physiology. San Francisco, U. S. A. 1952.

BÜNNING, E.: Die Physiologie des Wachstums und der Bewegungen. Berlin 1939.

FRANCK, J., und W. E. LOOMIS: Photosynthesis in Plants. Ames, Jowa, U. S. A. 1950.

KLESCHNIN, A. F.: Die Pflanze und das Licht. Berlin 1960.

LUNDEGÅRDH, H.: Klima und Boden. Jena 1954.

LUNDEGÅRDH, H.: Pflanzenphysiologie. Jena 1960.

LUNDEGÅRDH, H.: Schriftliche Mitteilung 1960.

MELCHERS, G., und A. LANG: Die Physiologie der Blütenbildung. Biol. Zbl. **67**, 105—174 (1948).

STILES, W., und W. LEACH: Respiration in Plants. London and New York, U. S. A, 1960.

WALTER, H.: Einführung in die Phytologie. III. Grundlagen der Pflanzenverbreitung. I. Teil: Standortslehre. Stuttgart 1951.

WENT, F. W.: The Experimental Control of Plant Growth. Waltham, Mass. U. S. A. 1957.

Aus dem Institut für Pflanzenzüchtung Kleinwanzleben
der Deutschen Akademie der Landwirtschaftswissenschaften zu Berlin

G. SENFF

Beobachtungen auf den Gebieten der Züchtung, Vermehrung und des Anbaues von *Beta*-Rüben in der Volksrepublik Ungarn (Juni/Juli 1960)

1. EINLEITUNG

Der hier vorliegende Bericht über *Beta*-Rüben in der Volksrepublik Ungarn beruht auf Beobachtungen, die während einer Studienreise in der Zeit vom 27. Juni bis 10. Juli 1960 in Ungarn gesammelt werden konnten. Während dieser Zeit war Gelegenheit zu eingehenden Besprechungen und Besichtigungen im Forschungsinstitut für Pflanzenzüchtung und Pflanzenbau Sopronhorpács sowie zur Besichtigung mehrerer Versuchsstationen und Institutionen in allen Teilen Ungarns. Die Ausführungen werden durch einige Hinweise auf einschlägige Veröffentlichungen in ungarischen Zeitschriften ergänzt. Dies ist um so mehr erforderlich, als der Zeitpunkt der Reise keine Beobachtungen an voll entwickelten Rüben zuließ.

Beta-Rüben spielen in der Landwirtschaft Ungarns eine wichtige Rolle. Der Anbau von Zuckerrüben hat in dem vergangenen Jahrzehnt stark zugenommen, während der Anbau von Runkelrüben zurückging (Tab. 1).

TABELLE 1

Anbau von *Beta*-Rüben in Ungarn
Anbaufläche (in % des Ackerlandes, 5 395 000 ha = 100)

	1931—1940	1950—1956	1960
Zuckerrüben	0,8	2,1	2,3
Runkelrüben	2,4	1,7	0,75

Die klimatischen Voraussetzungen für den Rübenbau sind in Ungarn günstig. Die durchschnittliche Niederschlagsmenge im Jahr fällt von der Westgrenze des Landes, wo sie 800 mm beträgt, bis zur Theiß auf etwa 500 mm. In Sopronhorpács fallen im Durchschnitt jährlich 630 mm Niederschlag. Ostwärts der Theiß steigt die Niederschlagsmenge wieder etwas an. Die Hauptniederschlagsmenge fällt im Frühjahr und Herbst. Die Jahresdurchschnittstemperatur liegt infolge der wärmeren Sommer etwas höher als in Deutschland. Im südlichen Gebiet zwischen Donau und Theiß und östlich davon werden durchschnittlich mehr als 2000 Sonnenscheinstunden im Jahr registriert.

Die Hauptanbaugebiete der Zuckerrüben liegen in der oberungarischen Tiefebene, südöstlich des Plattensees, östlich der Theiß bis zur Höhe von Debrecen und östlich von Budapest. In diesen Gebieten stehen gute und sehr gute Ackerböden für den Anbau zur Verfügung. In 11 Zuckerfabriken werden die Rüben verarbeitet (Abb. 1).

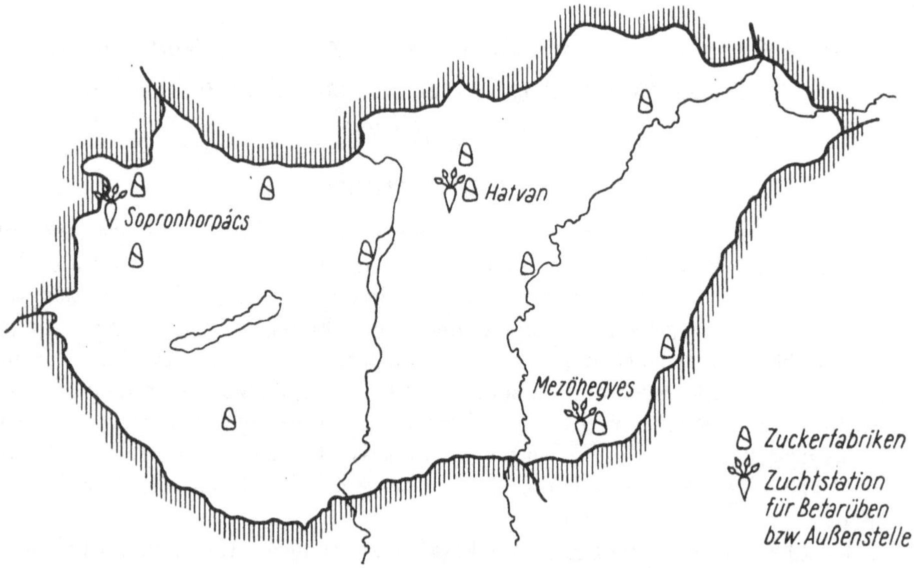

Abb. 1. Züchtung und Verarbeitung von Zuckerrüben in Ungarn

2. ERHALTUNGS- UND NEUZUCHT VON *BETA*-RÜBEN

2.1 Erhaltungszucht und die dabei angewandten Methoden

Die Erhaltungszucht aller Sorten ist dadurch gekennzeichnet, daß diese sich aus zwei oder mehreren Subsorten zusammensetzen. Dies trifft nicht nur für polyploide Sorten (BANLAKI 1956/1957), sondern auch für diploide Sorten zu. Die alte Sorte 242/53 besteht aus drei Partnern, von denen der eine besonders *Cercospora*-resistent, ein anderer besonders zuckerreich und ein dritter besonders dürreresistent ist. Die Sorte K 91 besteht aus zwei Partnern. Mehrere Subsorten werden ausschließlich als Partner von Handelssorten geführt.

2.11 *Übliches Zuchtschema*

Jede dieser Subsorten wird nach einem einheitlichen Zuchtschema bearbeitet. Dieses hat den in Abbildung 2 aufgezeichneten Aufbau.

1. Jahr: Anzucht von Mutterrüben mit Einzeluntersuchung
2. Jahr: Saatguterzeugung von den geteilten Mutterrüben, wobei die Familien räumlich getrennt abblühen
3. Jahr: Nachkommenschaftsprüfung in mehreren Wiederholungen (Handaussaat, Auswertung durch Varianzanalyse)

4. Jahr: Neuerliche Nachkommenschaftsprüfung; Erzeugung von Hyperelitesaatgut nach Einzeluntersuchung der Restrüben aus der Prüfung des 3. Jahres
5. Jahr: Leistungsprüfung und Anlage neuer Stammzuchtparzellen mit dem im 4. Jahr erzeugten Hyperelitesaatgut; Erzeugung von weiterem Hyperelitesaatgut nach Einzeluntersuchung von Restrüben aus der Prüfung des 4. Jahres
6. Jahr: Saatguterzeugung aus geteilten Mutterrüben wie im 2. Jahr und Superelitesaatguterzeugung aus den zweitbesten Rüben; Leistungsprüfung und Anlage neuer Stammzuchtparzellen mit dem im 5. Jahr erzeugten Hyperelitesaatgut
7. Jahr: Leistungsprüfungen mit dem Saatgut der Mutterrüben und Superelite; Saatguterzeugung aus geteilten Mutterrüben; Anlage von Stammzuchtparzellen; Erzeugung von Superelitesaatgut; Produktion von Elitestecklingen
8. Jahr: wie 7. Jahr, dazu noch Elitesaatguterzeugung

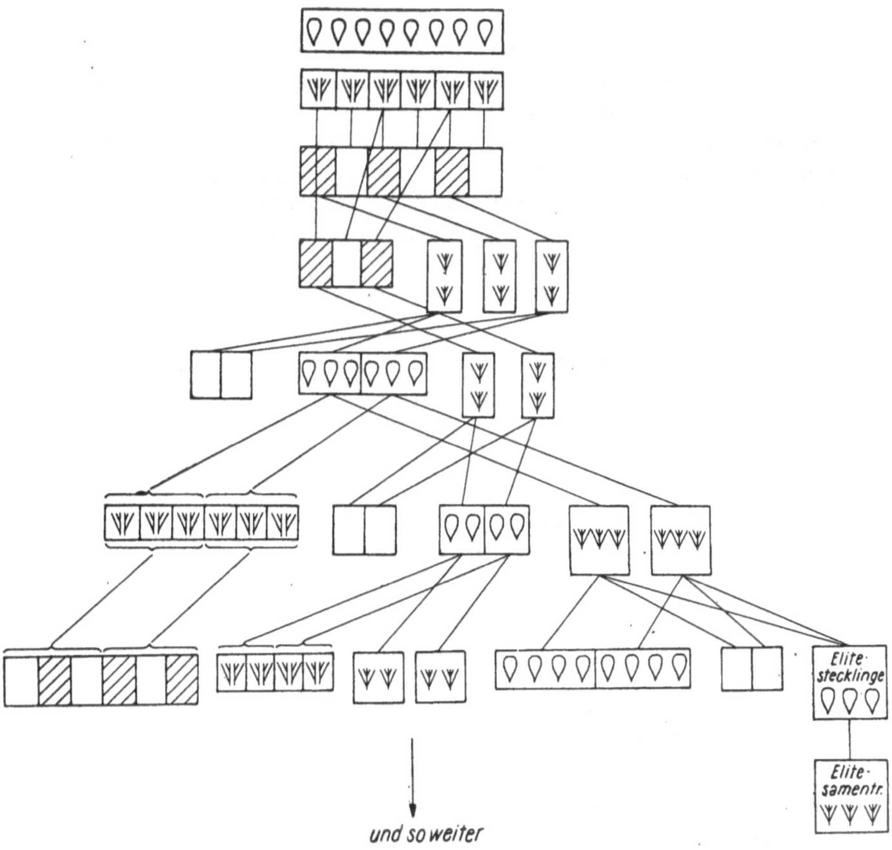

Abb. 2. Zuchtschema für Subsorten von *Beta*-Rüben (Erläuterung s. Text)

An diesem Zuchtschema ist bemerkenswert, daß innerhalb des Züchtungsgange nur ausgewachsene Rüben für die Saatguterzeugung verwendet werden und die Familien zwar getrennt abblühen, aber bereits innerhalb der Subsorte eine genetische Mischung der Familien stattfindet. Die Kombinationseignung wird nur zwischen den Subsorten getestet. Bei der Mischung des Superelite- und Elitesaatgutes werden meist Partien aus verschiedenen Erntejahren und Herkünften verwendet.

Die Familienzucht wird demnach nicht streng durchgeführt. SEDLMAYR (1954) wies bereits darauf hin, daß diese nur am Anfang einer Züchtung wirksam ist. Deshalb werden heute bis zur Erzeugung des Hochzuchtsaatgutes mehrere Möglichkeiten genutzt, Bastarde zu erhalten. Solange es nicht gelingt, die Einflüsse der ungleichmäßigen Bestäubung und der selektiven Befruchtung, die zu unterschiedlicher Heterosis führen, sicher zu erfassen, wird an der mehrfachen Bastardierung zwischen möglichst unterschiedlichem Material festgehalten. Futterrüben werden auch nach diesem Zuchtschema erhaltungszüchterisch bearbeitet.

2.12 *Reziprok rekurrente Selektion*

CSITKOVICS (1952) leitete aus den Ergebnissen seiner Versuche über die Anwendung der Pärchenzüchtung ab, daß die Möglichkeit besteht, mit geeigneten Partnern ohne besondere Maßnahmen 100% Bastarde zu erzielen. Stammten die beiden Partner aus verschiedenen Sorten, so war der festgestellte Heterosiseffekt besonders groß. SEDLMAYR (1954, 1955, 1956, 1957) prüfte daraufhin in zahlreichen Untersuchungen neue Zuchtverfahren, die davon ausgehen, daß das Pollengemisch in einer Population nicht gleich und die Bestäubung spezifisch ist (DRÜSEDAU 1953), die Befruchtung selektiv erfolgt und damit die Nachkommenschaft nicht die Individualleistung der Mutter, sondern deren Kombinationseignung innerhalb der betreffenden Population widerspiegelt. Dabei werden fortlaufend solche Familien selektiert, die gegenseitige Kombinationsfähigkeit aufweisen. Diese wurden in Pärchen oder im Top-cross-Verfahren getestet. Neuerdings wird auf diesem Gebiet nach der von MAGASSY (1957) entwickelten Methode gearbeitet, die vorsieht, zahlreiche Mutterrüben in einem Polycross-Verband zu testen (Abb. 3).

In den einzelnen Jahren werden dabei folgende Maßnahmen durchgeführt:

1. Jahr: Aus zwei selektierten Sorten (Subsorten), deren Kombinationseignung in Probekreuzungen erwiesen wurde, werden Mutterrüben ausgelesen. Ihre Anzahl liegt zwischen 50 und mehr als 100 Rüben je Subsorte. Sie ist innerhalb einer Kombination bei jeder Partnersorte gleich groß.
2. Jahr: Verklonen von beispielsweise 2 × 50 Rüben je in 5 Teile, wovon 4 Teile in einem Polycross-Verband gemeinsam abblühen (Abb. 4). Aus dem verbleibenden Fünftel werden nach der von Frau CSAPODY (1952) und SEDLMAYR (1956, 1957) beschriebenen Methode Triebstecklinge erzeugt.
3. Jahr: Leistungsprüfung mit dem im Polycrossfeld erzeugten Saatgut

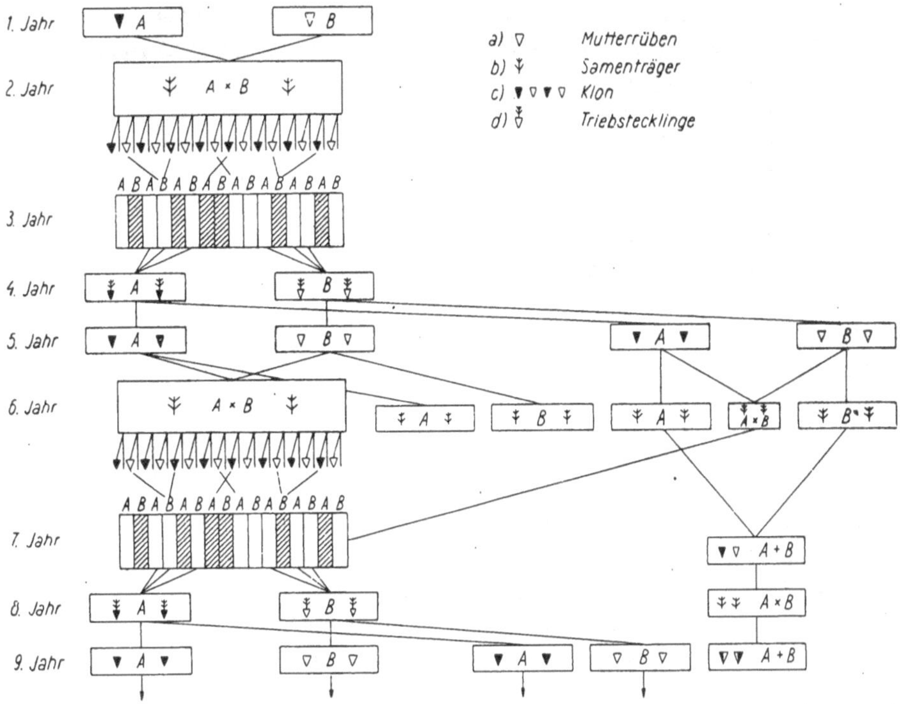

Abb. 3. Rekurrent recessive Selektion auf Kombinationsfähigkeit nach MAGASSY (Erläuterung s. Text)

Abb. 4. Polycross-Verband zur Testkreuzung von 2 × 50 Mutterrüben

4. Jahr: Saatguterzeugung aus den über Triebstecklinge erhaltenen Klonen, die den größten Heterosiseffekt ergaben, getrennt nach Ausgangssorten (Ernte = Superelite)
5. Jahr: Anzucht von neuen Mutterrüben, womit der Züchtungsgang von vorn beginnt, und Anzucht von Elitestecklingen
6. Jahr: Elitesaatguterzeugung nach Ausgangssorten getrennt und Durchführung von Testkreuzungen zwischen denselben
7. Jahr: Leistungsprüfung der im 6. Jahr durchgeführten Kreuzungen und Anzucht von Hochzuchtstecklingen (Saatgut gemischt)
8. Jahr: Erzeugung von Hochzuchtsaatgut
9. Jahr: Fabrikrüben

Dieses Verfahren wird seit 1957 bei mehreren verschiedenen Kombinationen angewandt. Dabei werden sowohl diploide Partner unter einander als auch diploide mit tetraploiden Partnern getestet. Ergebnisse liegen erst bei den diploiden Kombinationen vor. Hierbei konnte eine Kombination ermittelt werden, die in ihrer Leistung an die besten polyploiden Sorten heranreicht. Diese steht unter der Bezeichnung „*Beta* 53/RR" in den staatlichen Sortenversuchen. Bei der Kombination von diploiden und tetraploiden Partnern wird nach dem Abblühen des Polycross-Verbandes im zweiten Jahr eine cytologische Kontrolle vorgenommen. Der Anteil der Triploiden konnte durch wiederholte Selektion auf diese Weise beim tetraploiden Partner von 80 auf 90% und beim diploiden Partner von 20 auf 45% erhöht werden. Als Ergebnis dieser Arbeiten wird erwartet, daß auch bei polyploiden Sorten ein weiterer Leistungsanstieg erzielt wird. Später soll diese Methode auch bei Futterrüben angewandt werden.

Das Verfahren der rekurrenten Selektion auf reziproke Kombinationsfähigkeit kann nur angewandt werden, wenn es gelingt, durch vegetative Vermehrung die Klone so lange zu erhalten, daß die besten Klone des Polycross-Verbandes im vierten Jahr nochmals zur Blüte gebracht werden können. Mit großem Geschick

Abb. 5. Triebsteckling, drei Wochen nach Beginn des Antreibens

werden deshalb die möglichst noch unverholzten Teile von Achsen der Schoßtriebe zu Stecklingen geschnitten und gärtnerisch bearbeitet (Abb. 5). Bereits nach wenigen Tagen bilden diese Wurzeln, und bis zum Herbst haben sie so große Speicherorgane ausgebildet, daß sie in normalen Mieten überwintert werden können (Abb. 6). Im folgenden Jahr (3. Jahr des Zuchtschemas) wird dies noch einmal wiederholt, so daß im 4. Jahr von jedem Klon 50 bis 100 Teile ausgepflanzt werden können.

a b c d

Abb. 6. Wachstum eines Triebstecklings (nach Frau CSAPODY 1952) v. l. n. r.:
a) vorbereiteter Triebsteckling
b) Beginn der Triebbewurzelung
c) sich verdickender Triebsteckling
d) Pflanze, die sich aus einem Triebsteckling gebildet hat

2.2 Probleme der Neuzucht

2.21 *Polyploidiezüchtung bei Zuckerrüben*

Nach den Ergebnissen der staatlichen Sortenversuche mit Zuckerrüben (HORVÁTH 1957, 1957, 1959, KISS 1960) übertrafen polyploide Sorten meist die anderen Sorten in ihrer Leistung beträchtlich. Die Leistungen erwiesen sich dann als besonders stabil, wenn als Partner geeignete Heterosissorten gewählt wurden. Wenn neue Polyploide erzeugt werden, wird deshalb auch nur auf Sortenhybride zurückgegriffen.

Neben den bekannten Sorten „*Beta* Poly 1“, „*Beta* Poly 2“, „*Beta* Poly 3“ und „*Beta* Poly 4“ sind die Sorten „*Beta* Poly 5“ und „*Beta* Poly 7“ in Prüfung. Letztere unterscheiden sich von den älteren Sorten dadurch, daß sie frühreifer sind und höhere *Cerospora*-Resistenz aufweisen. Die Züchtung auf Frühreife ist notwendig, weil einerseits festgestellt werden konnte, daß polyploide Sorten erst im September die diploiden Sorten in ihrer Leistung überholen und andererseits die Zuckerfabriken ihre Kampagne mit zunehmender Größe der Anbaufläche immer früher beginnen. Einige Fabriken laufen bereits am 1. September an, so daß am 20. August das Roden einsetzt.

An leistungsfähigen neuen polyploiden Sorten wird intensiv gearbeitet. Gegenwärtig wird $^1/_3$ der Zuckerrübenanbaufläche Ungarns mit polyploiden Sorten bestellt, 1964 werden es $^2/_3$ sein.

Zur Bestimmung des Ploidiegrades innerhalb des Zuchtbetriebes wird ausschließlich mit Chromosomenzählungen gearbeitet. Alle anderen Verfahren (Pollenmessungen, Blattindexmessungen, Chromozentrenmethode) wurden erprobt, aber nicht in die Serienuntersuchungen aufgenommen. Jährlich werden mehr als 100000 Untersuchungen vorgenommen. Dabei werden von einer Arbeitsgruppe dauerhafte Präparate hergestellt und von einer zweiten Gruppe diese untersucht. Beide Gruppen werden in bestimmten Abständen ausgetauscht. Je Mikroskop und Tag werden täglich 40 bis 50 Präparate untersucht. An einer verbesserten Methode zur Vorbereitung der Präparate wird gearbeitet, damit später eine Vorbereiterin nicht nur ein sondern drei bis vier Mikroskope mit Präparaten versorgen kann.

2.22 *Züchtung auf Pollensterilität bei Zuckerrüben*

In Verbindung mit der Züchtung anisoploider Sorten wird an der Entwicklung pollensterilen Zuchtmaterials intensiv gearbeitet. Diese Arbeiten sind noch nicht abgeschlossen. Die Auswahl der Samenträger geschieht nach vorhergehender makroskopischer Untersuchung stets durch mikroskopische Bestimmung der Pollenproduktionsfähigkeit. Die gequetschten Antheren werden dabei mit Carminessigsäure angefärbt, wodurch sich normale und unnormale Pollenkörner leichter unterscheiden lassen. Von den etwa 10000 Untersuchungen im Jahr wird ein Teil in Behelfslaboratorien direkt am Samenträgerbestand durchgeführt.

2.23 *Resistenzzüchtung bei Zuckerrüben*

Im Rübenbau Ungarns tritt die *Cercospora*-Blattfleckenkrankheit als bedeutungsvollste Krankheit auf.

Sie schädigt alle anfälligen Sorten regelmäßig so stark, daß diese für den Großanbau ungeeignet sind. Leistungsfähige ausländische Sorten versagen in Sortenversuchen meist nur wegen ihrer zu geringen *Cercospora*-Resistenz, wie aus den Versuchen von ZANA (1958, 1959) abgeleitet werden kann. In der oberungarischen Tiefebene ist das Auftreten der *Cercospora* nicht so regelmäßig und stark wie in der niederungarischen Tiefebene, dem sogenannten Alföld. Wenn dort auch einige Versuche zur Bekämpfung der *Cercospora* mit Brestan recht erfolgreich verliefen (ZANA 1959, 1960), so wird doch der Resistenzzüchtung weiterhin größte Bedeutung beigemessen.

Wenn auch bereits alle alten diploiden Sorten *Cercospora*-resistent waren, so konnte doch mit den neuen polyploiden Sorten ein noch größerer Resistenzgrad erzielt werden. Im Rahmen der Polyploidiezüchtung wird deshalb dieses Merkmal weiterhin bearbeitet.

In Sopronhorpács wird neben der meist vorhandenen natürlichen Infektion zusätzlich künstlich infiziert. Als wirkungsvolle Quelle der Infektion werden zwischen den Doppelblocks in sämtlichen Versuchsfeldern zwei Reihen Rüben angebaut, die von zwei Reihen Sommergerste auf beiden Seiten eingeschlossen sind und bereits Anfang Juli künstlich infiziert werden (Abb. 7). Im Schutz der Sommergerste kommt es mit Sicherheit zur Infektion, und nach deren Ernte breitet sich die *Cercospora* schnell und gleichmäßig über das Versuchsfeld aus. Während des Besuches konnte noch nirgends *Cercospora*-Befall beobachtet werden. Im Laboratorium wird versucht, die zahlreichen Biotypen isoliert zu kultivieren. Bei anschließenden Prüfungen dieser Biotypen, die an Zuckerrübenklonen durchgeführt werden, konnten Unterschiede in der Aggressivität festgestellt werden. Dies zeigte sich zuerst in der Dauer der Inkubationszeit.

Abb. 7. Anlage von zwei Reihen *Cercospora*-infizierter Rüben zwischen Sommergerste in der Mitte von Rübenprüfungen

Resistenzzüchterische Arbeiten zur Bekämpfung von Viruskrankheiten (viröse Vergilbung, Rübenmosaik) laufen. Die Infektion in den Versuchsfeldern geschieht dabei derart, daß im Abstand von etwa 20 m längs des Blocks von Leistungsprüfungen 2 bis 3 Reihen infizierte Samenträger angepflanzt werden. Nach der ersten Flugwelle der Blattläuse werden sowohl Samenträger wie Prüfungen wiederholt mit innertherapeutischen Mitteln behandelt und damit eine weitere Infektion verhindert. Die Viruskrankheiten treten in ihrer Bedeutung hinter der *Cercospora* weit zurück. Für die Züchtung auf Schoßresistenz werden keine besonderen Maßnahmen getroffen. Die ungarischen Sorten sind im Inland unter den dortigen photothermischen Verhältnissen praktisch völlig schoßresistent.

2.24 *Andere Zuchtziele bei Zuckerrüben*

Wie in anderen Ländern, so wird auch in Ungarn angestrebt, monokarpe Rüben zu entwickeln. Dabei wird sowohl der Weg der Auslese monokarper Typen aus bestehenden Sorten wie der der Einkreuzung monokarper ausländischer Sorten in polykarpe inländische Sorten gegangen. Nach der Kreuzung wurde z. T. bereits mehrmals rückgekreuzt. Diese Arbeiten sind noch nicht abgeschlossen.

Um von diesem Zuchtmaterial in jedem Jahr eine Samenträgergeneration zu haben, werden folgende Verfahren zur Entwicklungsbeschleunigung angewandt:

a) Aussaat in das Freiland Ende März/Anfang April, Kühlhauslagerung der Rübenkörper von August bis Oktober, ab Oktober Anzucht der Samenträger bei Dauerbeleuchtung und einer Tagestemperatur von 13 bis 20 °C im Gewächshaus, im März ist die Saatguternte möglich.

b) Aussaat in das Freiland im August (Saatguternte im Großanbau ist Ende Juli möglich), Lagerung der Jungpflanzen vom Oktober bis November im Kühlhaus, danach Gewächshausanzucht wie unter a); Saatguternte im Mai, der sofort neue Aussaat folgt.

Diese Methoden werden zum Erlangen einer schnelleren Generationenfolge bei anderem wichtigen Zuchtmaterial und in der Grundlagenforschung angewandt.

Die Züchtung auf niedrigen Aschegehalt hat für den Süden des Landes große Bedeutung. Sie wird dort in der Außenstelle Mezöhegyes des Instituts für Pflanzenzüchtung und Pflanzenbau Sopronhorpács durchgeführt. Dort ist der Aschegehalt der Rüben mit etwa 0,8% doppelt so hoch wie im Norden des Landes. Die bisherigen Ergebnisse der dort laufenden Arbeiten sind erfolgversprechend, so daß sie fortgesetzt werden.

Die Züchtung auf Keimung bei niedrigen Temperaturen wurde erst aufgenommen.

2.25 *Neuzüchtung bei Futterrüben*

Die Futterrübenzüchtung strebt Sorten an, die im Trockensubstanzgehalt wesentlich über der sehr verbreiteten diploiden Sorte „*Beta* Rosa“ liegen. Dieses Ziel wurde 1959 mit der Zulassung der polyploiden Sorte „Polyrosa“ erreicht. Sie liegt im Trockensubstanzertrag um 20% über der diploiden „*Beta* Rosa“ und weist einen um 2% höheren Trockensubstanzgehalt auf. Sie wird in der gleichen Art vermehrt wie die Zuckerrübensorten „Poly 1“ und „Poly 3“ (s. Abschnitt 3), wobei die 4x-Pflanzen der „*Beta* Rosa“ mit einer sehr ertragreichen Zuckerrübe abblühen und nur die Futterrüben geerntet werden.

Bei der Kombination von 2x- und 4x-Pflanzen derselben Sorte — wobei die 4x-Pflanzen durch Polyploidisierung aus den 2x-Pflanzen hervorgingen — konnten sowohl bei der „*Beta* Rosa“ als auch bei einer walzenförmigen Futterrübensorte keine höheren Leistungen erzielt werden. Diese traten erst ein, als 2x- und 4x-Material verschiedener Sorten und Herkünfte getestet wurde. Als erstes Ergebnis der Herstellung von Triploiden aus verschiedenen Sorten steht ein Stamm in Prüfung, der sich aus der Kreuzung von „Tetra Rosa“ (4x) mit einer walzenförmigen gelben Futterrübe (2x) ergab. Auch hier wurde nur der 4x-Partner geerntet, so daß rot gefärbte („Tetra Rosa“ 4x) neben orange gefärbten Futterrüben (3x-Bastarde) auf der gleichen Parzelle stehen. Dieses Gemisch erwies sich in den vergangenen Jahren als sehr leistungsfähig. Außer dem genannten Zuchtmaterial stehen weitere tetraploide Stämme in Prüfung.

Neben diesen Arbeiten zur Entwicklung polyploider Sorten wird bei diploidem Material das Zuchtziel „Monokarpie“ durch Einkreuzung monokarper Zuckerrüben angestrebt.

2.3 Untersuchung von Rüben und Saatgut innerhalb des Zuchtbetriebes

2.31 *Untersuchung von Rüben*

Zur Untersuchung von etwa 7000 bis 8000 Mischproben von Zucker- und Futterrüben sowie etwa 100000 Einzelrüben jährlich steht in Sopronhorpács ein modern eingerichtetes Laboratorium zur Verfügung. HOLLY (1959) hat kürzlich die dort zur Bestimmung der Inhaltsstoffe von Zuckerrüben angewandte Methode beschrieben. Neben den Serienuntersuchungen auf lösliche Trockensubstanz, Zucker, schädlichen Stickstoff und lösliche Asche werden bei bestimmtem Material auch der Gehalt an Invertzucker, Mark, Eiweiß, Pektin, Kalium, Natrium und Calcium festgestellt. Der Bestimmung des Markgehaltes wird in Zukunft größere Bedeutung beigemessen werden. HOLLY (1960) entwickelte zur Bestimmung der Markgehaltes nach der Formel

Gesamttrockenmasse — lösliche Trockenmasse = Mark

eine Technologie, die eine Vielzahl von Untersuchungen täglich gestattet. An ausländischen Sorten konnten sehr große Unterschiede im Markgehalt festgestellt werden, die zwischen 7,21% („Cesena R“) und 4,17% („Dobrovicz A“) lagen (HOLLY 1960). Die Reinheit der aus Zuckerrüben gewonnenen Säfte wird nicht mit dem MW-Faktor zum Ausdruck gebracht, sondern nach dem Silin-Verfahren bestimmt. Mit den Quotientenunterschieden zwischen Dünn- und Rohsaft, die im Labor ermittelt werden, läßt sich der Erfolg der Züchtung überwachen. Nach HOLLY (1960) wird das Dünnsaftverfahren nach Silin zur Massenuntersuchungsmethode umgearbeitet.

Die Massen- und Einzeluntersuchungen von Zucker- und Futterrüben werden sämtlich bereits im Herbst durchgeführt. Bei der Auswertung von Feldprüfungen gelangen von jeder Parzelle 40 Rüben zur Untersuchung ins Laboratorium. Dort wird aus diesen mit Hilfe einer Segmentfräse eine Mischbreiprobe gewonnen. Die ursprünglich dazu verwendete Breisäge wird nicht mehr benutzt, weil die weitere Verwendung der dabei entstehenden Rübenbrocken Schwierigkeiten bereitet und diese nicht an eine Zuckerfabrik abgeliefert werden können.

2.32 *Untersuchung von Saatgut*

Das Saatgut von Familien und den höchsten Vermehrungsstufen wird innerhalb des Zuchtbetriebes nicht nur auf Keimfähigkeit (gekeimte Knäuel in %, Keime je 100 Knäuel) schlechthin, sondern auf die sogenannte Keimenergie (Geschwindigkeit der Keimung, Anzahl der Keime je Knäuel) hin untersucht. Dies erscheint besonders bei dem Saatgut polyploiden Zuchtmaterials wichtig.

Die nach der Zählprozentmethode im Sandkeimbett eingelegten Knäuel werden nach 2, 3, 5, 7, 10 und 14 Tagen ausgewertet und dabei jeweils nach der Anzahl der Keime je Knäuel sortiert. Auf diese Weise kann nach Abschluß der Untersuchung eine Aussage darübergemacht werden, wie groß die Anzahl der Knäuel ist, die nach wenigen Tagen wenigstens einen Keim hervorgebracht haben. Dieses Merkmal ist für die Beurteilung des praktischen Wertes der Saatgutpartien besonders wichtig. Beim Saatgut polyploider Sorten werden solche Partien bevorzugt, die hohe Keimfähigkeit mit geringer Keimzahl je Knäuel verbinden, da auf diesem Wege für die Praxis ein Monokarpieeffekt erzielt wird.

In Verbindung mit den Arbeiten an der im Abschnitt 4.1 zu beschreibenden Polierung von Saatgut werden zahlreiche Untersuchungen über die Art und die Wirkung von Keimhemmstoffen aus Rübenknäueln durchgeführt. Die relativ schlechte Feldkeimung des Saatgutes aller polyploiden Sorten wird u. a. auf deren größeren Gehalt an Keimhemmstoffen und den größeren Wasserverbrauch zurückgeführt.

2.4 Organisation der Züchtung

Neu- und Erhaltungszüchtung von Zucker- und Futterrüben wird in Ungarn ausschließlich im Forschungsinstitut für Pflanzenzüchtung und Pflanzenbau Sopronhorpács durchgeführt. Die Erhaltungszucht einiger älterer diploider Futterrübensorten, die an anderer Stelle stattfand, wurde eingestellt.

Dem Forschungsinstitut für Pflanzenzüchtung und Pflanzenbau Sopronhorpács stehen zur Erzeugung des Saatgutes der höchsten Anbaustufen zahlreiche Kleinstflächen in der näheren und weiteren Umgebung zur Verfügung. Das Elitesaatgut wird bereits in allen Teilen des Landes erzeugt. Dafür ist eine eigene Abteilung des Forschungsinstitutes Sopronhorpács verantwortlich. Spezielle Prüfungen werden in den Außenstellen Hatvan und Mezöhegyes durchgeführt. Die Aufgaben der zuletzt genannten Außenstelle hat RUDNYÁSZKY (1959) beschrieben. Futterrüben werden in einem Ort isoliert, der 20 km von der Zuchtstätte Sopronhorpács entfernt liegt.

3. VERMEHRUNG VON *BETA*-RÜBEN UNTER BESONDERER BERÜCKSICHTIGUNG POLYPLOIDER SORTEN

Die Vermehrung liegt bis zum Elitesaatgut in den Händen der Züchter. Die folgende Vermehrungsstufe, deren Ergebnis das Hochzuchtsaatgut ist, liegt grundsätzlich in den Händen der Zuckerfabriken, die über eigenes Fachpersonal und eigene Saatgutspeicher verfügen. Sie kaufen vom Züchter das Elitesaatgut, schließen mit landwirtschaftlichen Betrieben Vermehrungsverträge ab und verfügen später über das Hochzuchtsaatgut. Bei dieser Vermehrung hat der Züchter nur eine beratende Aufgabe.

Während zur Erzeugung des Elitesaatgutes nur das übliche Stecklingsverfahren (indirekter Saatgutbau) angewandt wird, hat sich bei der Hochzuchtsaatguterzeugung auf etwa $\frac{1}{4}$ der Vermehrungsfläche der direkte Saatgutbau eingeführt. Dies sind jährlich etwa 1000 ha. Die dabei gewonnenen Erfahrungen (BÁNLAKI u. DOBROVSZKY 1955, 1956) decken sich mit unseren eigenen (HEINISCH 1953, 1955, SENFF 1961). Bisher traten oft in größerem Ausmaß Fehlschläge ein, weil es besonders im Süden des Landes z. Z. der Aussaat zu trocken war. Bisher wurden 17 kg Knäuelsaatgut je ha auf einen Reihenabstand von 60 cm ausgedrillt. In Zukunft soll nur noch poliertes Saatgut verwendet werden. Die Saatguterträge liegen beim direkten Saatgutbau im Durchschnitt ebenso hoch wie beim indirekten Anbau. Je später das Pflanzen der Stecklinge beim indirekten Saatgutbau im Frühjahr erfolgt, desto mehr überwiegen die Erträge der feldüberwinterten Stecklinge des direkten Saatgutbaues. Auf die Bedeutung des Pflanzzeitpunktes der Stecklinge für die späteren Erträge haben BÁNLAKI u. DOBROVSZKY (1952) eindringlich hingewiesen. Sie stellten fest, daß in Ungarn jede Verzögerung des Pflanzens nach Mitte März um 5 Tage mit 13% Ertragsabfall verbunden ist.

Um das Aussaatrisiko beim direkten Saatgutbau zu umgehen, wurde auch in Ungarn die von STRACKE (1957) empfohlene Untersaat unter Sommergerste erprobt. Dabei war die Verunkrautung der Bestände im Sommer, Herbst und Frühjahr so groß, daß in keinem Fall Erfolg erzielt wurde. In Anlehnung an diese Versuche ist deshalb ein Verfahren in Erprobung, nach dem die Rüben Anfang April ausgedrillt werden (Reihenabstand 60 cm) und zwischen diesen Reihen je 3 Reihen Lein zum Anbau kommen. Dieses Verfahren gestattet während der gesamten Wachstumszeit intensive Unkrautbekämpfung.

Zur Erzeugung des anisoploiden Hochzuchtsaatgutes werden drei verschiedene Verfahren angewandt:

a) systematische Methode des indirekten Saatgutbaues
b) systematische Methode des direkten Saatgutbaues
c) unsystematische Methode mit Mischung des Eliteasatgutes

Die Unterscheidung zwischen systematischer und unsystematischer Vermehrung ist deswegen notwendig, weil die Sortenbezeichnung des erzeugten Hochzuchtsaatgutes davon abhängig ist, die wiederum Rückschlüsse auf die Zusammensetzung der Saatgutpartie hinsichtlich des Anteiles der einzelnen Ploidiestufen zuläßt.

Bei der systematischen Vermehrung werden 2x- und 4x-Stecklinge im Verhältnis 1:3 reihenweise systematisch ausgepflanzt bzw. beim direkten Saatgutbau ausgedrillt und später nur die 4x-Pflanzen geerntet. Das Erntegut der 4x-Pflanzen kommt als Hochzuchtsaatgut in den Handel, das als Sortenbezeichnung eine ungerade Zahl führt (Poly 1, Poly 3). Werden auch die 2x-Pflanzen mit geerntet oder die Stecklinge bereits gemischt ausgepflanzt und später alle Pflanzen gemeinsam geerntet, so führt das Erntegut in seinem Sortennamen eine gerade Zahl (Poly 2, Poyl 4). Nach BANLÁKI (1956/1957) können somit aus der Kombination der Partner *Beta* C 242/53 (4x) mit *Beta* E III (2x) sowohl Saatgutpartien der Sorte „*Beta* Poly 1" als auch der Sorte „*Beta* Poly 2" gewonnen werden (Abb. 8). Tetraploide Pflanzen bringen auf Grund der besonderen Befruchtungsverhältnisse nach dem freien Abblühen mit diploiden Pflanzen immer einen größeren Anteil triploider Pflanzen hervor als die diploiden. Die Anforderungen an die Zusammensetzung der Saatgutpartien der verschiedenen Sorten sind deshalb auch verschieden. In Tab. 2 sind die amtlichen Mindestforderungen für den 3x-Anteil und die zulässigen Höchstgrenzen für die 2x- und 4x-Anteile angegeben und einigen Untersuchungsergebnissen von HORVÁTH (1959) und KISS (1960) gegenübergestellt.

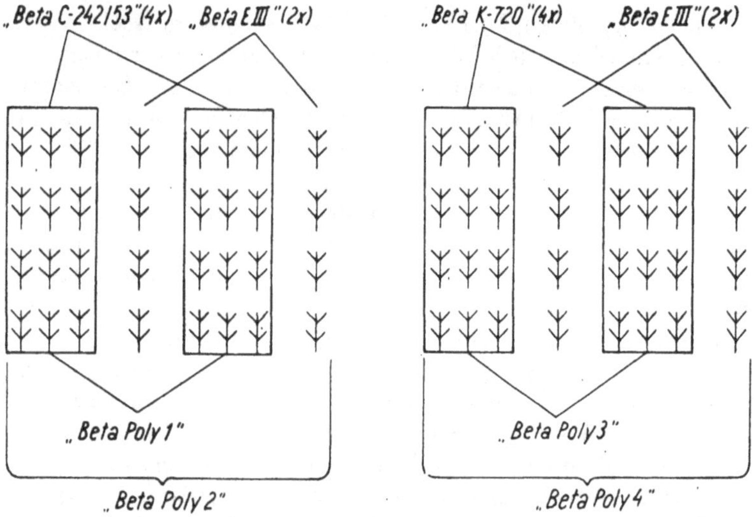

Abb. 8. Erzeugung von anisoploidem Hochzuchtsaatgut ungarischer Zuckerrübensorten (nach BÁNLAKI 1956, S. 140; abgeändert)

TABELLE 2

Forderungen an die Zusammensetzung von Saatgutpartien verschiedener anisoploider Sorten im Vergleich mit einigen tatsächlichen Befunden

	Anteil der Ploidiestufe in % der Gesamtzahl		
	2×	3×	4×
„*Beta* Poly 1"			
Mindest- bzw. Höchstgrenze	10,0	60,0	30,0
Partie I¹)	0,0	90,0	10,0
Partie II	13,2	77,8	9,0
„*Beta* Poly 2"			
Mindest- bzw. Höchstgrenze	30,0	50,0	20,0
Partie I¹)	22,5	72,5	5,0
Partie II	32,5	60,3	7,2
„*Beta* Poly 3"			
Mindest- bzw. Höchstgrenze	10,0	60,0	30,0
Partie I¹)	0,0	97,4	2,6
Partie II	11,9	83,9	4,2
„*Beta* Poly 4"			
Mindest- bzw. Höchstgrenze	30,0	50,0	20,0
Partie I¹)	34,0	64,7	1,3
Partie II	29,9	65,7	4,4

¹) Partie I untersucht von HORVÁTH (1959)
Partie II untersucht von KISS (1960)

Von den Sorten „*Beta* Poly 1“ und „*Beta* Poly 3“ wird ein höherer Anteil der Triploiden gefordert. Dieser wurde sogar stets wesentlich überboten. Theoretisch dürften in diesen Saatgutpartien dagegen keine Diploiden auftreten. Dies war in den von HORVÁTH (1959) untersuchten Partie auch der Fall. Die amtlichen Vorschriften lassen einen kleinen Anteil an Diploiden zu, weil es offensichtlich nicht möglich ist, die getrennte Ernte überall völlig fehlerlos durchzuführen. KISS (1960) stellte deshalb auch 13,2 bzw. 11,9% diploide Pflanzen fest.

Die recht komplizierte Form der systematischen Vermehrung wird durchgeführt, weil mit steigendem Anteil der Triploiden auch eine höhere Leistung erwartet wird. HORVÁTH (1959) lehnt auf Grund seiner Ergebnisse die unsystematische Vermehrung sogar ab. Nach KISS (1960) konnten 1958 in den amtlichen Sortenversuchen keine signifikanten Unterschiede in der Leistung zwischen den polyploiden Sorten festgestellt werden.

Bei der Erzeugung von Hochzuchtsaatgut anisoploider Sorten nach den o. a. Verfahren wird technisch folgendermaßen vorgegangen:

a) systematische Methode des indirekten Saatgutbaues

Das Elitesaatgut des diploiden und tetraploiden Partners wird über die Zuckerfabriken an die Vermehrer ausgegeben. Während des Ausdrillens, Rodens und Einmietens sowie während des Selektierens und Auspflanzens ist ein Beauftragter der Zuckerfabrik anwesend. Das Verhältnis von Samenträger- zu Stecklingsflächen ist im ganzen Lande niedrig. Es liegt zwischen 2,5:1 und 5:1. Im Süden von Ungarn ist es am niedrigsten.

Nach jeweils drei Reihen tetraploider Stecklinge wird eine Reihe diploider Stecklinge gepflanzt. Zur Ernte, die fast überall ausschließlich von Hand vorgenommen wird, werden zuerst die auf verschiedene Weise gekennzeichneten tetraploiden Pflanzen geschnitten und aufgestellt. Die diploiden Pflanzen werden im Anschluß daran geschnitten und ebenfalls gekennzeichnet.

Der Arbeitsaufwand für die getrennte Ernte liegt etwas höher als bei gemeinsamer Ernte. Der notwendige Aufwand für die Überwachung ist natürlich wesentlich höher. In Betrieben, die nur wenig Arbeitskräfte zur Verfügung haben, wird i. a. die Vermehrung nach der systematischen Methoden nicht vorgenommen, da bei der mechanisierten Ernte einige Schwierigkeiten auftreten. Bisher werden Anbaumähbalken oder Grasmäher nur sehr vereinzelt zum Schneiden von Rübensamenträgern eingesetzt. In Versuchen wird z. Z. geprüft, ob es bei der systematischen Vermehrung angängig ist, die tetraploiden Pflanzen in engen Reihenabständen zu pflanzen und zu den diploiden Pflanzen jeweils einen größeren Abstand zu halten. Auf diesem Wege ließe sich später die getrennte Ernte auch mechanisiert durchführen.

b) systematische Methode des direkten Saatgutbaues

Diese Methode der Vermehrung hat sich in den vergangenen Jahren immer mehr durchgesetzt. Die Aussaatmenge bei der Aussaat von je 3 Reihen tetraploiden und einer Reihe diploiden Elitesaatgutes wird nach der Keimlingsanzahl je kg Saatgut jährlich neu festgesetzt. 1960 wurden z. B. je kh (0,575 ha) 13,0 kg tetraploides und 2,5 kg diploides Elitesaatgut ausgegeben.

Da beides in einem Drillgang ausgebracht wird, bringt man im Saatkasten einen Einsatz an und läßt beim tetraploiden Saatgut zwei Rohre in die gleiche Reihe laufen. Die Ernte wird auch — getrennt nach Ploidiestufen — von Hand vorgenommen. Das Schneiden soll wegen des aufrechteren Standes dieser Pflanzen leichter möglich sein als beim indirekten Saatgutbau.

c) unsystematische Methode mit Mischung des Elitesaatgutes

Das Saatgut wird vor der Stecklingsanzucht nach der Anzahl der Keime je Gewichtseinheit im Verhältnis 4x:2x = 3:1 gemischt. Dies bedeutet ein Gewichtsverhältnis in der Mischung von 4x:2x = 6 bis 8:1. Es erweist sich als notwendig, das Verhältnis für jede Mischung neu festzulegen. Bei dieser Methode stehen tetraploide und diploide Samenträger unsystematisch verteilt im Samenträgerbestand. Die Ernte erfolgt gemeinsam. Das Ergebnis ist Saatgut der Sorten „Poly 2“ oder „Poly 4“.

Etwa ¾ des Saatgutes polyploider Sorten wird nach den systematischen Methoden erzeugt. Die Vermehrer erhalten dabei für das Erntegut der tetraploiden Pflanzen einen Aufschlag zum Hochzuchterzeugerpreis (ca. 1000 Forint/dt) in Höhe von 40%. Das Erntegut der diploiden Pflanzen wird ohne Aufschlag abgenommen.

4. PROBLEME DES ANBAUES VON ZUCKERRÜBEN

Wie in anderen Ländern, so stellen auch in Ungarn die Arbeitsspitzen während der Pflege und Ernte besondere Probleme des Rübenanbaues dar. Von Seiten der Züchtung und der Landmaschinenindustrie wird gemeinsam daran gearbeitet, diese Arbeitsspitzen zu brechen. Die landwirtschaftliche Abteilung des Forschungsinstitutes der Zuckerindustrie unterstützt diese Arbeiten und führt eigene Untersuchungen durch.

4.1 Behandlung von Rübensaatgut

Seit 1956 wird im Forschungsinstitut in Sopronhorpács ein Verfahren angestrebt, nach dem das Saatgut von *Beta*-Rüben möglichst schonend poliert werden kann. In kurzer Zeit gelang es HARMOS (1958), dafür einen geeigneten Weg zu finden und ein entsprechendes Verfahren bis zur großtechnischen Anlage zu entwickeln (Abb. 9).[1])

Das Verfahren und die Maschine können folgendermaßen beschrieben werden:

In einem trichterförmigen Behälter, der mit etwa 50 kg Saatgut beschickt wird, dreht sich mit 200 U/min vertikal eine Welle, die mit mehreren Flügeln besetzt ist. Diese sind einige cm breit und zur Waagerechten um einige Winkelgrad geneigt. Der Antrieb erfolgt über einen kräftigen Elektromotor. In dem Trichter, der innen glattwandig ist, reiben sich die Knäuel so stark aneinander, daß die weichen Teile der Blütenreste und des Perikarps abgerieben werden. Bei diesem Vorgang verlieren die Knäuel je nach Saatgutpartie 20 bis 25% ihres Gewichtes und 50% ihres Volumens. Die in den harten Teilen des Perikarps geschützt

[1]) Während der Zeit der Drucklegung dieses Berichtes wurde für diese Art des Polierens die Bezeichnnng „Depellieren“ eingeführt.

Abb. 9. Poliermaschine für Rübensaatgut nach Methode HARMOS im Saatgutspeicher in Sopronhorpács

liegenden Samen verlassen völlig unbeschädigt die Maschine. Deshalb wird auch die Anzahl der Keime je Knäuel beim Polieren weder vergrößert noch verkleinert. Die Maschine arbeitet kontinuierlich, wobei das Beschicken und Entleeren so aufeinander abgestimmt sein müssen, daß die Füllmenge während des Betriebes nahezu gleich bleibt. Der entstehende Staub wird innerhalb der Maschine abgesaugt und aus dem Speicher geblasen. Nach dem Polieren erweist sich eine Nachreinigung als notwendig. Die Leistung der bisher gebauten Maschinen beträgt 1,5 dt/h.

Das nach der neuen Methode behandelte Saatgut weist folgende Vorteile auf (HARMOS 1958): Bei unveränderter Keimfähigkeit wird die Keimungsenergie dadurch vergrößert, daß mit den weichen Teilen des Perikarps die dort abgelagerten Keimhemmstoffe beseitigt werden und der Bedarf an Keimwasser herabgesetzt wird. Dies soll um so bedeutungsvoller sein, je trockener die Witterungsverhältnisse zur Zeit der Aussaat sind. Die spezifisch schweren und glatten polierten Knäuel lassen sich gut kalibrieren und mit Präzisionsdrillmaschinen ausdrillen. Auch bei den üblichen Drillmaschinen läßt sich die Aussaatmenge sehr exakt bemessen. Dadurch wird es möglich, die Aussaatmenge so einzustellen, daß ein aufgelockerter Pflanzenbestand entsteht. Dieser erleichtert nicht nur die nachfolgenden Pflegearbeiten, sondern ist auch die Voraussetzung für ein ungestörtes Jugendwachstum. Dem Pflanzenschutz ist dagegen besondere Aufmerksamkeit zu widmen.

Fast alle ungarischen Zuckerfariken stellen bereits in ihren Saatgutspeichern selbst poliertes Saatgut nach dem Verfahren HARMOS her. Seit 1958 ist der Anteil jener Flächen, die mit poliertem Saatgut bestellt wurden, stark vergrößert worden (Tab. 3).

TABELLE 3

Anteil der mit poliertem Saatgut bestellten Flächen in Ungarn

Jahr	Anbaufläche	Anteil am Gesamtanbau (in %)
1958	1 000 kh	0,45
1959	14 000 kh	6,4
1960	41 000 kh	18,6
1961	ca. 70 000 kh*)	31,8

*) voraussichtliche Fläche

1961 soll außerdem auf 15000 bis 20000 kh Anbaufläche poliertes Futterrübensaatgut verwendet werden.

Die Kosten für die Polierung sind gering. Der Preis polierten Saatgutes ist in Ungarn doppelt so hoch wie derjenige einer gleichen Gewichtsmenge unbehandelten Saatgutes.

4.2 Aussaat- und Anbaumethoden

Die Vorteile der Saatgutpolierung werden in Ungarn nicht ohne Zusammenhang mit anderen Maßnahmen betrachtet, die auch auf die Möglichkeit des Einsatzes vereinfachter Pflegemethoden abzielen.

Bei der Aussaat polyploiden Saatgutes wird folgende Entwicklung vorausgesehen: Das Saatgut wird poliert, anschließend kalibriert und mit sauber arbeitenden Drillmaschinen ausgebracht. Später sollen dazu auch Präzisionsdrillmaschinen verwendet werden. Da polyploide Saatgutpartien bereits heute nur etwa 1,4 Keime je keimfähiges Knäuel im Laboratorium entwickeln und im Felde nahezu monokarp sind, ließe sich ein solcher Bestand leicht mit der langen Hacke vereinzeln. Die Züchtung auf völlige Monokarpie bei diploidem und polyploidem Zuchtmaterial wird unabhängig davon fortgesetzt. Wegen der großen Streuung der Knäuelgrößen bei dem Saatgut anisoploider Sorten stellt das Polieren eine wesentliche Voraussetzung für das Kalibrieren dar und dieses wiederum muß dem Einsatz von Präzisionsdrillmaschinen vorausgehen.

Gegenwärtig werden in Ungarn zwei eigene Modelle von Präzisionsdrillgeräten gebaut. Sie wurden von OROSZI (1958) beschrieben. 1961 wird ein Modell in größerer Zahl gebaut und zum Einsatz gebracht. Dieses wurde im Vergleich mit mehreren ausländischen Modellen auf Initiative des Forschungsinstitutes der Zuckerindustrie erprobt. Die landwirtschaftliche Abteilung dieses Institutes stellt in Zusammenarbeit mit dem Forschungsinstitut für Pflanzenzüchtung und Pflanzenbau Sopronhorpács zu zahlreichen anbautechnischen Fragen eigene Versuche an. Diese liegen entweder auf eigenen Versuchsfeldern der Zuckerfabriken oder werden von diesen in ihrer Nähe angelegt. Neben Versuchen mit verschiedenen Standweiten, Saatgutformen, Aussaatmethoden und Sorten werden solche mit verschiedenen Verfahren der Unkrautbekämpfung und Lagerung von Zuckerrüben angestellt.

Ein besonderes Problem stellt die oft zu geringe Pflanzenzahl je Flächeneinheit im Fabrikrübenanbau dar. VUKOV und ZANA (1958) konnten nachweisen, daß unter ungarischen Klima- und Bodenverhältnissen die Mindestzahl je kh bei 50—52000 Pflanzen (87000—90000 Pflanzen je ha) liegt. Standen nur 50000 Pflanzen auf einem Hektar, so war nach ZANA (1959) die Leistung aller Zuchtrichtungen signifikant geringer als bei 100000 Pflanzen je ha. Da mit geringer Bestandesdichte nicht nur die Erträge sinken, sondern auch der Zuckergehalt sinkt und der Aschegehalt ansteigt (VUKOV und ZANA 1958) wird angenommen, daß es gelingen wird, lediglich durch höhere Bestandesdichten 15 bis 20% mehr Weißware zu erzeugen als gegenwärtig.

Mit fortschreitendem Anbau des Bewässerungssystems im Süden und Südosten von Ungarn gewinnt die Bewässerung auch für den Zuckerrübenanbau und den Zuckerrübensamenbau in den genannten Gebieten Bedeutung. Entsprechende Großversuche werden im Gebiet um Kisujszállás angelegt.

Zur Zuckerrübenernte, die meist in einfachen Arbeitsverfahren durchgeführt wird, kommt neben einigen ausländischen Erntemaschinen auch eine ungarische einreihig arbeitende Maschine zum Einsatz. Diese legt das Blatt in Querschwaden und die Rüben breit ab.

5. SORTENPRÜFUNG VON *BETA*-RÜBEN

Sortenprüfungen aller Kulturpflanzen werden unter der Leitung einer Zentrale (Qualifizierungsrat für Pflanzensorten, Budapest II) in 31 selbständigen Prüfstationen vorgenommen. ZIMMERMANN (1957) hat den mustergültigen Aufbau des Sortenprüfungswesens in Ungarn beschrieben und die dort geleistete Arbeit gewürdigt. In etwa jeder zweiten Prüfstation werden *Beta*-Rüben geprüft. Neben solchen ungarischen Sorten, deren Saatgut sich bereits im Handel befindet, werden in diesen amtlichen Versuchen alle Neuzüchtungen mehrjährig geprüft und dabei gleichzeitig mit einigen ausländischen Spitzensorten verglichen. 1960 standen z. B. bei Zuckerrüben 6 zugelassene Sorten, 3 Neuzuchten und 5 ausländische Sorten (darunter 2 aus der DDR) mit einheitlicher Versuchsanlage in Prüfung. Bei Futterrüben wurden 4 zugelassene Sorten, 1 Neuzucht und 4 ausländische Sorten geprüft. Von einer der zugelassenen Sorten („*Beta* poly Roszacukor") kam außerdem das Saatgut aus vier Erntejahren (1956 bis 1959) in getrennten Versuchsgliedern zur Aussaat.

Nach der Ernte werden die Inhaltsstoffe von Zuckerrüben in einer benachbart liegenden Zuckerfabrik bestimmt. Der Gehalt an löslicher Trockensubstanz von Futterrüben wird mit Handrefraktometer direkt auf dem Felde ermittelt. Die Leistung von Zuckerrübensorten wird nur an Hand des Weißzuckerertrages verglichen. Dieser wird nach folgender Formel berechnet (KISS 1960):

$$\text{Weißzucker} = \text{Rübenertrag} \cdot \frac{\text{Digestion} - (1 + 4{,}25 \cdot \text{Asche}}{100}.$$

Gelegentlich findet auch die Formel

$$\text{Weißzucker} = \text{Rübenertrag} \cdot \frac{\text{Digestion} - (2{,}35 + 1{,}61 \cdot \text{Asche}}{100}$$

Verwendung (KISS, pers. Mitteilung).
Die Ergebnisse dieser Versuche werden laufend veröffentlicht (HORVÁTH 1957, 1959, KISS 1960).
In zahlreichen Sortenversuchen prüfte und prüft auch die Zuckerindustrie ungarische Sorten gemeinsam mit vielen ausländischen Sorten (ZANA 1958, 1959, 1960). Damit will sich die Zuckerindustrie ständig einen Überblick über die Leistung der besten Zuckerrübensorten der Erde unter ungarischen Verhältnissen verschaffen. Die eigenen Sorten bewährten sich meist am besten.
Neben den üblichen Sortenversuchen auf kleinen Parzellen werden seit 1960 auch Großflächenversuche (je Parzelle 3 kh) mit 6 Sorten an 62 Stellen im Lande durchgeführt. Für diese sind sowohl der Qualifizierungsrat für Pflanzensorten als auch die Zuckerindustrie verantwortlich. Zur Ernte wird der gesamte Ertrag der Fläche ausgewertet.

ZUSAMMENFASSUNG

Während einer Studienreise durch die Volksrepublik Ungarn im Juni und Juli des Jahres 1960 konnten Eindrücke gesammelt werden, die Wert erschienen, zusammengefaßt niedergeschrieben zu werden.
Nach einigen allgemeinen Ausführungen über *Beta*-Rüben in Ungarn wird über die Methode der Erhaltungszucht berichtet. Neben einem einfachen Zuchtschema wird neuerdings verstärkt nach dem System der rekurrenten Selektion auf reziproke Kombinationsfähigkeit gearbeitet. Das Zuchtschema und die dabei angewandten züchtungstechnischen Maßnahmen werden besprochen.
In der Neuzucht von Zuckerrüben wird besonders an polyploidem Zuchtmaterial gearbeitet. Außerdem wird pollensteriles und monokarpes Zuchtmaterial angestrebt. Da die *Cercospora*-Resistenz in vielen Teilen des Landes Voraussetzung für erfolgreichen Rübenbau ist, wird der Resistenzzüchtung gegen *Cercospora* große Bedeutung beigemessen. Andere Krankheiten spielen eine untergeordnete Rolle.
Bei Futterrüben werden Sorten angestrebt, die höhere Trockensubstanzgehalte aufweisen als die bisherigen Sorten. Dabei wird besonders mit Kreuzungen zwischen diploiden Zuckerrüben oder sehr gehaltsreichen diploiden Futterrüben mit tetraploiden Futterrüben gearbeitet.

Die wichtigsten Gesichtspunkte, die bei der Untersuchung von Rüben und deren Saatgut innerhalb des Zuchtbetriebes maßgeblich sind, werden besprochen.
Zur Erzeugung von Hochzuchtsaatgut wird etwa auf ¼ der Vermehrungsfläche der direkte Saatgutbau angewandt. Das Saatgut anisoploider Sorten wird nach verschiedenen Verfahren erzeugt, die einzeln zur Darstellung kommen.
Im Rahmen der Probleme des Anbaues von Zuckerrüben wird besonders ein neues Verfahren zur Polierung von Saatgut beschrieben und seine Vorteile werden hervorgehoben. 1961 werden etwa 30% der Zuckerrübenanbauflächen Ungarns mit derartig behandeltem Saatgut bestellt werden.
Abschließend wird auf einige Maßnahmen zur Steigerung der Erträge und das vorbildliche System der Sortenprüfung hingewiesen.

РЕЗЮМЕ

Во время путешествия по Венгерской Народной Республике в июне и июле 1960 г. удалось собрать впечатления, которые стоит вкратце изложить письменно.
После некоторых общих сообщений о свекле в Венгрии излагается метод поддерживающего разведения. Кроме простой селекционной схемы в последнее время используется система обратной (рекуррентной) селекции на взаимную (реципрокную) возможность комбинации. Обсуждаются селекционная схема и использованные при этом селекционно-технические мероприятия.
При селекции новых сортов сахарной свеклы особенно работают над полиплоидным селекционным материалом. Кроме того стремятся получить пыльцестерильный и односемянный селекционный материал. Так как устойчивость против церкоспороза во многих частях страны является предпосылкой успешного возделывания свеклы, селекции на устойчивость против церкоспороза придается большое значение. Другие болезни играют лишь второстепенную роль. Стремятся получить сорта кормовой свеклы, которые содержат больше сухого вещества, чем теперешние сорта. При этом применяются скрещивания между диплоидными сахарными свеклами или очень богатыми сухим веществом кормовыми свеклами с тетраплоидными кормовыми свеклами.
Обсуждаются важнейшие точки зрения, которые являются решающими при исследовании свеклы и ее семян в рамках селекционного предприятия.
Для создания семян „хохцухт" приблизительно на 1/4 площади размножения семян применяется прямое семеноводство. Посевной материал анизоплоидных сортов производится по различным методам, которые объясняются отдельно.
В рамках проблем возделывания сахарной свеклы особенно описывается новый способ полировки посевного материала; подчеркиваются преимущества этого метода. В 1961 году около 30% посевной площади сахарной свеклы в Венгрии будут засеяны посевным материалом, обработанным таким образом.
К заключению указывается на некоторые мероприятия повышения урожайности и на образцовую систему сортоиспытания.

SUMMARY

During a study tour through the People's Republic of Hungary in June and July 1960 experiences were gained which appeared worthy to be written down in brief. Some general statements about sugar beets in Hungary are followed by a description of the method for maintenance breeding. Apart from a simple breeding scheme much use is made at present of the recurrent selection for reciprocal combining ability. The breeding scheme and the technical measures applied are discussed. As regards the breeding of a new sugar beet species particularly polyploid breeding material is used. Moreover, it is attempted to obtain pollen-steril and monocarpous breeding material. Since a successful beet cultivation in many parts of the country presupposes cercospora-resistant varieties, much emphasis is placed on breeding for resistance to cercospora. Other diseases are of minor importance. With fodder beets those varieties are wanted which have a higher dry matter content than hitherto varieties. For this purpose particularly diploid sugar beets or very substantial diploid fodder beets are crossed with tetraploid fodder beets. The most important viewpoints regarded as a determining factor in the examination of beets and their seeds are discussed.

For producing stock seeds the direct seed growing is practised on about one quarter of the area under cultivation for increase of seed. The seed of anisoploid varieties is produced by various methods which are described separately.

Within the framework of problems arising in the cultivation of sugar beets special mention is made of a new method for polishing seeds and its advantages are emphasized. In 1961 about 30% of the sugar beet growing area in Hungary will be grown with so treated seeds.

In conclusion some measures for increasing the yields and the exemplary strain test system is pointed out.

LITERATURVERZEICHNIS

BÁNLAKI, S.: Poliploid cukorrépafajták elszaporítása. Cukoripar **9**, 139—142 (1956) u. **10**, 139—144 (1957).

BÁNLAKI, S., und J. DOBROVSZKY: Répamagtermesztésünk tartalékai. Növénytermelés **1**, 209—228 (1952).

BÁNLAKI, S., und J. DOBROVSZKY: Dugványozás nélküli cukorrépamagtermesztési kisérletek háromeves eredményei I u. II. Cukoripar **8**, 219—223, 241—243 (1955).

BÁNLAKI, S., und J. DOBROVSZKY: A dugványozás nélkül termesztett gomolyok utodaival vegzett 1955. évi kiserletek eredményei III. Cukoripar **9**, 4 (1956).

CSAPODY: A répa vegetativ szaporítása. Növénytermelés **1**, 155—160 (1952).

CSITKOVICS, A.: A parostenyérsztéses cukorrépanemesitési modszer eddigi eredményei. Növénytermelés **1**, 161—170 (1952).

DRÜSEDAU, E.: Untersuchung über die Bestäubungsverhältnisse innerhalb frei abblühender Populationen bei fremdbefruchtenden Pflanzen. Z. Pflanzenzücht. **32**, 421—444 (1953).

HARMOS, F.: A répamagkoptatás elönyei. Cukoripar **11**, 10—11 (1958).

HEINISCH, O.: Die Erzeugung von Zuckerrübensaatgut durch feldüberwinterte Stecklinge. Dt. Landwirtsch. **4**, 352—355 (1953).

HEINISCH, O.: Rübensaatgutbau durch Feldüberwinterung von Stecklingssaaten. Z. Zuckerind. **3**, 225—228 (1953).

HEINISCH, O.: Anleitung zur Produktion von Zucker- und Futterrübensamen. Schr.-R. Dt. Akad. Landwirtsch.-Wiss. Berlin f. d. LPG H. 60 (1955).

HOLLY, J.: Cukorrépa minöségvizsgáleti modszerek Sopronhorpácson. Cukoripar **12**, 235—243 (1959).

HOLLY, J.: Tömegvizsgálati módszer a répa rosttartalmának gyors meghatározására. Cukoripar **13**, 69—71 (1960).

HOLLY, J.: A cukorrépanemesítés a Szilin-féle híglé-kísérlet tükrében. Cukoripar **13**, 227—230 (1960).
HORVÁTH, A.: Cukorrépa. Nemesített növényfajtákkal végzett országos fajtakísérletek eredményei 1955. 241—263, Budapest 1957.
HORVÁTH, A.: Cukorrépa. Nemesített növényfajtákkal végzett országos fajtakisérletek eredményei 1956. 151—175, Budapest 1957.
HORVÁTH, A.: Cukorrépa. Nemesített növényfajtákkal végzett országos fajtakísérletek eredményei 1957. 192—215, Budapest 1959.
KISS, Th.: Cukorrépa. Nemesitett növényfajtákkal végzett országos fajtakísérletek eredményei 1958. 235—254, Budapest 1960.
KISS, Th.: Takarmányrépa. Nemesitett növényfajtákkal végzett országos fajtakíserletek eredményei 1958, 255—275, Budapest 1960.
MAGASSY, L.: Reciprok rekurrens szelekció alkalmazása a répanemesítésben. Növénytermelés **6**, 357—366 (1957).
OROSZI, A.: A cukorrépaegyelés könnyítése. Cukoripar **11**, 253—258 (1958).
RUDNYÁNSZKY, B.: Hároméves a Mezöhegyesi Kisérleti Telep. Cukoripar **12**, 152—154 (1959).
SEDLMAYR, K.: A családtenyésztés kritikája különös tekintettel a Beta vulgarisra. Növénytermelés **3**, 33—36 (1954).
SEDLMAYR., K.: Heterosis bei nicht kastrierbaren fakultativ allogamen Kulturpflanzen Wiss. Z. Karl-Marx-Univ. Leipzig, math.-naturwiss. R. **5**, 257—265 (1955).
SEDLMAYR., K.: Aktuelle Probleme der Zuckerrübenzüchtung Sitz.-Ber. Dt. Akad. Landwirtsch.-Wiss. Berlin **5**, H. 24, 18 S. (1956).
SEDLMAYR, K.: Rekurrente Selektion auf reziproke Kombinationsfähigkeit. Der Züchter **27**, 65—69 (1957)
SENFF, G.: Der direkte Zuckerrübensaatgutbau nach Sommeraussaat unter besonderer Berücksichtigung von Maßnahmen zur Beseitigung seiner Nachteile. Z. Acker- u. Pflanzenbau **112**, 10—38 (1961).
VUKOV, K., und.J. ZANA: A növénysürüség hatása a cukorrépa minöségére es terméshozamara. Cukoripar **11**, 16—20 (1958).
ZANA, J.: Az 1956 évi összehasonlító fájtakisérletek eredményei és az 1951—56 evi kisérletsorozatokeredményeiböllevonható kovetkeztetések. Cukoripar **11**, 39—45 (1958).
ZANA, J.: Összehasonlító kísérletek belföldi és külföldi cukorrépafajtákkal 1957 -ben. Cukoripar 11, 183—190 (1958).
ZANA, J.: Az 1957 évi összehasonlito fajtakísérletek és az 1951—57 évi kísérletsorozatok eredménye Cukoripar **11**, 214—220 (1958).
ZANA, J.: Cercospóra elleni védekezési kísérletek uj védekezö szerrel, a „Brestan"-nal. Cukoripar **12**, 195—199 (1959).
ZANA, J.: Az 1958 évi összehasonlito fajtakísérletek és az 1951—58 évi kísérletsorozatok eredménye Cukoripar **12**, 227—234 (1959).
ZANA, J.: Tenyészterülek kisérletek különbözö répafajtakkal Mezöhegyesen 1957—1958 — ban. Cukoripar **12**, 308—312 (1959).
ZANA, J.: Összehasonlító kisérletek belföldi és külföldi cukorrépafajtákkal 1958 — ban. Cukoripar **12**, 331—336 (1959).
ZANA, J.: Cerkoszpóra elleni védekezési kisérlet Mezöhegyesen 1959 — ban. Cukoripar **13**, 88—92 (1960).
ZANA, J.: Az 1959 éfi összehasonlító fajtakísérletek és az 1951—59 évi kísérlet sorozatok eredménye Cukoripar **13**, 121—128 (1960).
ZANA, J.: Összehasonlító kísérletek belföldi és külföldi cukorrépafajtákkal 1959 — ban. Cukoripar **13**, 209—217 (1960).
ZIMMERMANN, K.: Die Organisation der Sortenprüfung, der Sortenzulassen und der Sortenanerkennung in Ungarn. Dt. Landwirtsch. **8**, 86—90. (1957)

FSC
www.fsc.org
MIX
Papier | Fördert gute Waldnutzung
FSC® C083411

Zeitfracht Medien GmbH
Ferdinand-Jühlke-Straße 7
99095 Erfurt, Deutschland
produktsicherheit@kolibri360.de